解决人生难题的关键思维

王希◎编著

中国纺织出版社有限公司

内 容 提 要

一个高情商的人与一个低情商的人，同样付出100%的努力，但得到的结果可能大不相同。高情商的人做事往往比低情商的人强许多倍。

本书从管理情绪、坚守目标、打破思维、积攒人脉、诚信等方面阐述情商高的人如何做事的学问，通过大量贴近生活的生动案例以及深入浅出的理论分析，给予你关于“提高情商，会做事”的有效建议。

图书在版编目（CIP）数据

解决人生难题 的关键思维 / 王希编著. —北京：中国纺织出版社有限公司，2020.8（2023.5重印）
ISBN 978-7-5180-7277-4

Ⅰ. ①解… Ⅱ. ①王… Ⅲ. ①思维方法—通俗读物
Ⅳ. ①B804-49

中国版本图书馆CIP数据核字（2020）第054576号

责任编辑：赵晓红　　责任校对：武凤余　　责任印制：储志伟

中国纺织出版社有限公司出版发行
地址：北京市朝阳区百子湾东里A407号楼　邮政编码：100124
销售电话：010-67004422　传真：010-87155801
http：//www.c-textilep.com
中国纺织出版社天猫旗舰店
官方微博http：//weibo.com/2119887771
永清县晔盛亚胶印有限公司印刷　各地新华书店经销
2020年8月第1版　2023年5月第2次印刷
开本：880×1230　1/32　印张：6.5
字数：173千字　定价：48.00元

前言

《道德经》曰："天下难事，必做于易；天下之事，必做于细。"一句话道出了做事的奥妙，做事的智慧。人生无非两件事，一件是做人，一件是做事。在做人的基础上，唯有把事情做好了，才能赢得身边人的称赞，实现自己的人生目标。

事实上，做事并没有想象中那么简单。生活中，我们经常会看到这样的情况：有的人做的事看起来不怎么样，却做出了不平凡的业绩，不仅受到领导嘉奖，还当上了模范代表，他做事的方法也形成了一种标准，被广而推之；有的人即便在重要的位置上，但却一点也不发光，总进入不了角色，尽管天天忙得不可开交，做事却出不了成绩，只是终日埋没在无谓的繁忙之中。前者比后者显露出的特点就是情商高，所以，做事有学问，千万不能小看做事与情商的关系。

情商高就是会做事，情商高的人做每一件事都透着学问。对情商高的人而言，事情从来没有大小之分，做事要有长远的目标，不要瞻前顾后，而要对做事的全局有一个详尽的计划。高情商的人做事坚守目标，有了做事的方向与追求，坚持不懈，一往无前，持之以恒地坚持，最后成就大事；高情商的人懂得扬长避短，选适合自己的事情，择自己擅长的事情，最大

程度发挥优势成事；高情商的人做事不卑不亢，由于不畏挫折，往往可以完成无限的成就，用足够真实的付出，他们便可以轻易地推开虚掩的成功大门；高情商的人思维创新，敢于打破陈旧的思想，他们拥有分析判断、解决问题和创造的能力，在经过开拓思维之后，往往可以找出更轻松、更快捷、更便宜、更简单和更安全的方法。

高情商的人认为，只有会做事，才能够做好事。现代人每天忙忙碌碌，起早摸黑，夜以继日，忙似乎成为了人们对自己生活状态的一种表达了。而每天都在忙些什么，又是不是真的忙，却值得每一个人去深思。即便忙也要忙在点子上，不论从事什么工作，只有不断前行，创新方法，有张有弛，才能够提高做事效率。当然，会做事不仅仅体现在完成自己手头的事情，更体现在怎么想办法高效快速地完成。修炼自我，提高情商，方能在时光掠影中做好事情。

编著者

2020年3月

目录

第01章

什么是情商，你真的了解情商吗

我们每天都在说“情商”，却不是太清楚情商到底指的是什么。情商就是情绪商数，人与人关于情商的区别在于他们对出现情绪的理解和对情绪背后的洞见。高情商，就是他在合适的时间、用恰当的方式发泄情绪。

解码情商的真面目

在情商的概念最早由美国哈佛大学的心理学教授提出来时，很多人并不了解情商。实际上，情商被提出是有社会背景和历史原因的，在当时，整个美国社会都非常浮躁，犯罪、暴力、吸毒等恶性事件时有发生。为此，直到1995年，《纽约时报》担任科学记者的丹尼尔·戈尔曼出版《情商：情商为什么比智商更重要》一书，才在世界范围内引发了研究情商的热潮。为此，后世的很多人都称呼丹尼尔·戈尔曼为“情商之父”。

随着研究的不断深入，人们曾经以为智商决定成败的观点渐渐改变，也由此，人们开始意识到情商对于社会生活重要的影响作用，以及在个人成败中起到的关键作用。现代社会，有很多“三高”的“白骨精”，却并不觉得幸福。她们有着高学历、高颜值、高收入，但是始终与幸福无缘。归根结底，并非因为她们自身的条件不够好，而是因为她们缺乏高情商。相比之下，有些女性朋友虽然相貌平平，学历不高，长得不够漂亮，工资收入也很低，但是却找到了自己的幸福所在，过着其乐融融的生活。归根结底，是因为这些女性尽管智商平平，但是情商很高，因而能够在生活中如鱼得水，游刃有余，也如愿以偿地获得自己想要的幸福。

有心理学家曾经对幸福的人的生活展开深入研究，最终发现这些人能够获得幸福，与智商高低之间并没有必然的联系，但是他们的情商水平无一例外都很高，也因此他们都生活得很幸福。由此可见，朋友们要想获得幸福，首先应该深入了解情商，其次才能发挥情商的重要作用，使其对自身的生活起到积极的影响和作用。

一直以来，珍珍都是个自卑的女孩。她的爸爸妈妈在她很小的时候就离婚了，她是跟着爷爷奶奶长大的。她学习很刻苦，知道自己失去了爸爸妈妈的疼爱和呵护，自己根本无依无靠，也因为爷爷奶奶年纪大了，所以她总是不遗余力地学习，想要改变自己的命运。

磕磕绊绊十几年，珍珍终于完成学业，大学毕业了。然而，在面试的过程中她却处处碰壁。原来，很多招聘者都觉得珍珍各方面条件都不错，但是太过内向自卑，这必然影响她未来的工作。就这样，优秀的珍珍与很多好的工作失之交臂。在得知自己被淘汰的原因后，她痛定思痛，决定改变现状。在长达一个月的时间里，她每天早晨起床之后都一改愁眉苦脸的模样，对着镜子里的自己微笑，激励自己："我很棒，我很棒，我真的很棒！只要坚持努力，我一定能够改变命运！"渐渐地，她的脸上浮现出发自内心的微笑，整个人的状态也变得不

同了。果不其然，再次面试时，珍珍自信谦和的表现，赢得了面试官的赞许和认可。就这样，珍珍获得了人生中的第一份工作。从此之后，她更加积极主动地改变自己，暗示自己，最终在事业上有所成就，人生也赢得了幸福。

在这个事例中，一直以来被抛弃的阴影和生活的艰难，使得珍珍根本无法发自内心地微笑。幸好她意识到了自己的问题，因而努力调整心态，改变自己。其实，不管是对女性朋友，还是对男性朋友来说，在生活压力越来越大、职场竞争日益激烈的今天，自我激励都是非常重要的。只要我们坚持下去，积极的自我激励不但能够改变我们的心态，也会间接改变我们的命运，使我们距离成功圆满的人生越来越近。

朋友们，如果你还在抱怨，还在消极地面对生活，不如从现在开始走近情商，揭开情商的面纱吧。相信只要你坚持不懈地努力，就一定能够获得发自内心的改变，也会获得幸福的人生！

避开低情商行为，有效提高自我情商

在我们每个人都努力提高情商的过程中，除了掌握高情商的各项指标从而卓有成效地提高自身情商之外，还应该极力避免低情商行为。所谓低情商行为，毋庸置疑，就是不被人们认可和接受，而且会暴露出我们情商不高的言行举止。也许有人会说，这岂非是掩饰吗？没错。假如你试过，你就会知道在心情不好的时候强颜欢笑，时间长了心情真的渐渐就会好起来。同样的道理，如果我们在日常生活中坚持避免低情商行为，那么日久天长，我们不但表现出高情商的行为，我们的情商也会渐渐提高。因而，要想提高情商，还需要从此刻起远离低情商，拒绝低情商的行为，这样才能事半功倍。

通常情况下，人们对于理想有着一定的误解，觉得只有远大的理想才是值得赞许的。对于很多孩子从小立志成为一名厨师，或者是村长，大多数人都嗤之以鼻，甚至对其冷嘲热讽。殊不知，作为世界知名的顶级学府，哈佛大学从来不会嘲笑任何一个人的梦想，也不会因为一个人的梦想不够高大上，而对这个人产生任何负面想法。面对想要成为糕点师的学生，再高明的教授也会表示认可和赞许，这是对人最大的尊重。从这一点来看，哈佛大学的教授们无疑都是高情商的，因为他们很清楚每个人都有自己的理想，别人无权对此指手画脚。其实，高情商不但影响我们的人生和命运，也会左右和控制我们的生活。假如我们能够更加深入了解情商盲区，真正做到避开低情商的言行举止，那么我们就能够避开低情商的误区，从而有效提高自己的情商。

也许有些朋友会说，低情商的表现那么多而且琐碎，如何能够完全避免呢？其实，低情商尽管表现复杂琐碎，也是有一些共通之处的。例如，很多朋友特别任性，总是喜欢根据心情做事情。他们时而情绪高亢，时而意志消沉，最终导致人生也变得混乱不堪，无可寄托。再如，有些朋友因为忙于为家庭付出，甚至没有时间对自己好一些。不得不说，这些人虽然具备中国传统优秀品质，但是这样的献身精神在现代社会并不被提倡。身处当下社会，每个人都应该作为独立的存在活出自己的精彩。有些女性朋友面对生活的不如意时，总是一味地抱怨，整日愁眉苦脸，结果非但没有解决问题，反而使自己变得招人讨厌，最终陷入生活的绝境之中。的确，生活中并不是每天都万里晴空，也会时常阴雨连绵。明智的女性不会把眼睛只盯着生活的阴暗面，而是会努力看到生活中积极阳光的地方，这才能振奋自己的心情。总而言之，任何不利于生活，会阻碍人生发展的行为，都是低情商的表现。当然，这也并非说女性朋友绝无发泄自身负面情绪的机会，而是说女性朋友们应该努力调整好自身的心态，以更加积极乐观的态度投身于生活，去拥有自己的美好人生。

有一天，马克·吐温来到一家旅馆投宿。这家旅馆各个方面的条件都还不错，唯一的缺点在于蚊子泛滥成灾。入住旅馆的大多数旅客都怨声载道，但是马克·吐温却不乏幽默地说："你们这里的蚊子简直太聪明了，据我观察，它们始终徘徊在我的门口，就是为了记住我的房间号，这样等到夜晚到来，它们才能有计划地展开行动，去我所在的房间大吃一顿。”马克·吐温的话逗得大家哈哈大笑，旅馆里的服务员们也因为他幽默风趣的语言感受到他的友善。结果，当天晚上马克·吐温睡得非常好，因为服务员们在夜晚到来之前就主动帮他驱赶蚊子，还特别为他提供了有效的防蚊产品。

任何时候，情商高的人都能够得到他人的善待，就像事例中的马克·吐温，他幽默风趣的语言缓解了旅馆服务员的压力，也使得他们主动自发地帮助马克·吐温拥有一个好睡眠。民间有句俗话，叫会说说得人笑，不会说说得人跳。显而易见，马克·吐温就是能把人说得心情大好的高情商者。其实，我们生活中的很多纷争，并非是因为有什么大的不可逆转的事情发生，而很有可能只是源于一句不那么友善或者中听的话。朋友们，我们也要向马克·吐温学习，提高自己的情商，掌握语言的艺术，这样才能与他人搞好关系，也为自己的人际交往铺平道路。

辩证唯物主义告诉我们，任何事情都有两面性，既有利也有弊。在这种情况下，我们应该采取客观冷静的态度对待生活的馈赠和命运的不时捉弄，既不大喜也不大悲，成为一个心态平和、高情商的幸福的人。

高情商会最大限度发挥智商的作用

尽管智商决定我们是否具备成功的必要潜力，但情商却更加重要，因为它决定了我们是否能够最大限度地发挥自己的智商，直至获得成功。由此看来，一个人即使智商不高，也可以用情商来弥补；但是假如一个人智商很高，但是情商却很低，那么就无法保证智商能够最大限度地发挥出来。无数活生生的事例表明，情商对于任何人都起到深远的影响作用。当然，高情商的表现之一就是能够合理控制自己的情绪。这种自我控制的能力越高，人们就越是容易把自己从悲观、沮丧、绝望的情绪中解脱出来，从而让自己保持平静的心绪，始终积极乐观、热情开朗地面对生活。

心理学经过研究证实，人的神经中枢只有在积极的情绪之中，才能保持最佳的功能状态。这个时候，人不但生理上精力充沛，心理上也平静舒缓，能够保持清醒和理智。总而言之，人如果长期处于消极负面的情绪之中，就会导致身体出现病变，甚至酿成恶疾。唯有享受高情商带来的畅意人生，人生才能如鱼得水，游刃有余。

从某种意义上说，成功总是与高情商分不开的。例如，情商中的自我激励，往往能够为我们提供充足的动力，来面对人生中的坎坷挫折。也因为如此坚定不移地相信自己一定能够获得成功，所以人们更加积极主动地迎接生命的挑战。诸如每个人面对苦难时的态度，是积极乐观，还是消极悲观，其实也在情商的范畴内。尤其是在遇到看似绝境的处境时，如果没有积极的心态和顽强的毅力，人们很容易就会放弃。众所周知，失败是成功之母。每个人只有从失败中汲取经验和教训，才能帮助自己最终获得成功。就像爱迪生发明电灯，他试验了成千上万次，尝试了几千种灯丝材料，最终才成功研制出灯泡，为整个世界带来光明。假如没有信心，没有对科学的热情，没有永不放弃的信念，他根本无法获得成功。总而言之，要想获得成功，提高情商是必经途径。

在这次演讲比赛中，原本十拿九稳要夺冠的黄超，因为一个失误，导致与成功失之交臂。原本同学们都以为他一定会受到沉重的打击，甚至无法继续充满信心地参加演讲的社团活动。不想，黄超并非大家所想的那样脆弱，他笑着说："没关系，只是一次失败，恰恰暴露了我的缺点。只要有的放矢，取长补短，就一定会在下次比赛中取得进步。"

果不其然，黄超一如往常地参加演讲的社团活动，而且还经常欢迎同学们为他批评指正。在一次又一次地自我弥补之中，黄超进步神速，等到年末的演讲比赛即将开赛时，他的水平已经提高了一大截。看着黄超在演讲比赛上激情四射地演讲，大家都佩服不已，老师们也暗暗为黄超竖起了大拇指。

现代社会的很多孩子从小被父母娇惯着，根本不知道挫折为何物。一旦受到小小的挫折，他们马上就会自暴自弃，信心全无。其实，这对于未来的人生是有百害而无一利的。试想，谁的人生能够一帆风顺呢？我们只有坦然接受人生的风雨，才能从温室里走出来，为自己的天高海阔而奋力拼搏。

在家庭教育中，父母一定要重视孩子的情商教育。对于任何孩子而言，德智体全面发展已经不足以应付现代社会的需要，还必须拥有高情商，保证心理健康，才能更加坦然地面对人生。当然，即便是成人，也可以通过各种各样的方式提高自己的情商能力，诸如控制情绪，诸如提升自我认知能力。这些都是切实可行的好方法，我们必须时时刻刻把提高情商挂在心上，这样才能起到立竿见影的效果。

后天努力修炼，可提高情商

曾经，人们以为智商是天生的，是由遗传因素决定的，根本不可能改变。最终，科学研究证实与智商相关的很多因素都是可以经过后天的培养不断提升的，诸如记忆力、观察力、理解力等，由此最终证明了智商也是可以提高的。一个人是否聪明，并非取决于出生的那一刻，而是一部分天生的，除此之外，还有很大的发展和发挥空间。面对这样的情况，只要不是真正的智力低下者，每个人都应该努力提升自己，提高自己的智商，给予自己更大的发展空间。人们常说只要是用钱能够解决的问题就都不是问题，其实只要是勤奋努力能够解决的问题，在我们的人生之中也应该不是问题。

既然智商可以提高，作为智商的好兄弟、姐妹花，情商当然也是可以提高的。现实生活中，很多人都张嘴就得罪人，遇到芝麻绿豆大的小事就如同火药桶般炸起来，还有些人表情阴郁让人觉得难以接近，或者好心办坏事，出钱出力还不落好……诸如此类的种种，都是情商不高的表现。细心的人会发现，这些表现并非都是与天生有关的，诸如语言能力、待人处事的能力、与人相处的能力，实际上都是与后天的培养密切相关的。就算是脾气不好，情绪暴躁易怒，也可以在后天之中不断地控制自己，循序渐进地改变自己，最终使暴脾气得以改善。由此可见，情商虽然是天生的，诸如有些人心思细腻，总是很会照顾他人，因而得到他人的认可和赞赏，但是也有相当一部分行为表现都是后天渐渐养成的。朋友们，假如你们觉得自己情商不高，千万不要沮丧，或者破罐子破摔。只要成为有心人，只要坚定信心改变自己，我们就一定可以提高自己的情商，让自己的人生更加顺遂如意。

在大学宿舍里，慧心是个不折不扣的炮仗，她不但脾气不好，喜欢急躁，说起话来也像是大机关枪，不但语速快，而且每个字都像是子弹一样直接射入舍友们的心里，使舍友们听了之后总觉得难受。到底是为什么呢？原来慧心是典型的不会说话。诸如舍友们正在议论小敏刚买的衣服是否好看，慧心就会

直截了当地说："这件衣服真不好看，穿上跟大妈似的！"最终，小敏除了给慧心一个白眼之外，还能怎么办呢？

有一次，舍友们商议着国庆节一起出去玩的事情。大家你一言，我一语，都争相推荐自己的家乡。这时，娜娜突然说："慧心，我记得你家就在黄山脚下啊，要不咱们去黄山吧，还可以去你家做客！"慧心丝毫没有因为自己的家乡被提名而高兴，反而不以为然地说："去黄山当然可以，不过去我家做客，我可不会做饭啊！我爸妈工作都很忙。"其实，慧心的本意是让大家自己解决做饭的问题，但是话从她嘴里说出来就变了味道，娜娜生气地说："放心吧，我们不会去你家蹭饭的，难不成还饿死了么！带着钱，走到哪儿吃到哪儿，谁稀罕吃你家饭呢！"原本舍友之间愉快的交流，就这样被慧心搅和了。后来，舍友们都不愿意和慧心多说话了，因为害怕不知道慧心会抛出哪句话来把人噎死。看到自己人缘越来越差，慧心也意识到自己语言表达有问题。利用学习之余的时间，她参加了一个语言提升课程，几个月之后，果然在语言表达方面大有改观，人际关系也渐渐好转。

因为语言表达时词不达意，经常引起他人的误解，所以慧心的人缘也越来越差，这严重影响了她的学习生活。幸好慧心及时发现自己的问题所在，而且采取了积极的措施改变自己，最终及时提升了自己，也缓和了人际关系。

在人际交往中，情商主要表现在控制情绪和处理问题方面。无疑，的确有些人在这两个方面独具天赋，他们进入人群之中总是如鱼得水，没有丝毫的不适应或者心有余而力不足的情况发生。对于这两个方面有欠缺的朋友，不如多多学习关于人际交往的技巧，从而更好地提升自己，完善自己。

调整心态，正确认识情商

提起情商，很多人都对此不以为然。尽管无数学者专家如今都很关注和重视情商，但是依然有很多朋友们对情商怀有偏见。我们不得不再说一次，情商是情绪智力，拥有高情商的人能够更好地感知自己，控制自己的感情和情绪。假如一个人情商很低，他的生活一定会受到方方面面的影响，甚至还会给事业的发展带来困扰。笼统地说，情商与专业技能等的学习关系不大，但是与为人处世、待人接物、自我认知等方面关系密切。我们每个人都应该端正心态，正确对待情商，意识到情商对于我们人生的重要意义。当我们主动自发地提高情商，进行情商的相关训练，我们的人生也会相应地发生积极的改变。

要想改变情商，首先必须端正态度，消除对情商的偏见。其次，拥有健康的心理状态，是进行一切社会活动的基础。要想提高情商，每个人都必须健全自己的心理状态，让自己能够坦然面对人生中的很多磨难和困境，而且也要提高自己的毅

力，帮助自己更从容不迫地面对身边诸多的人和事。生活中，各种困难和意外总是不期而至，唯有好的心态，才能让我们更从容。当然，任何精神层面需求的满足，都离不开物质作为基础。要想端正心态，提高情商，拥有健康的身体也是必不可少的。现代社会很多人都缺乏健康的作息习惯，动辄熬夜，喝咖啡，还有一些人酗酒，再加上强大的生活和工作压力，往往使人难以承受。在这种情况下，良好的心情和舒缓的情绪几乎不可能得到保持。因而，我们在提高情商时应该从生理方面着手，为提高情商做好万全的准备工作，这样才能得到事半功倍的效果。

在单位里，张工无疑是技术最强的。不管机器遇到什么疑难杂症，张工都能马上找出症结所在，及时解决问题。为此，隔三差五地就有工人来求教张工，诸如他们负责的机床又有哪个地方不好用，或者诸如此类的其他问题。不过，张工架子却很大。他每次都是高兴了才给工人修理机器，不然呢，因为也不是他分内的工作，他就对工人爱答不理。

有一天，八级焊工拉弟的机床出问题了，怎么修理也还是有偏差，无奈之下，拉弟只好来求教张工。张工平日里不太喜欢风风火火的拉弟，因此不以为然地说："你呀，坏了找维修师傅啊，我忙着呢，没时间管你的事情。"拉弟不知所以，说："很多人的机器出现疑难杂症，不都是你给修理的么！"张工毫不掩饰地说："对，但是我就是不想给你修。我技术好，我愿意帮谁就帮谁！”拉弟可是个寡妇，还一个人拉扯着几个孩子，平日里都泼辣惯了，因而马上毫不客气地说：“张工，你是狗眼看人低是吗？怎么，是因为嫌弃我是个寡妇所以才不帮我的呢，还是觉得看我拖累着几个孩子没有油水给你揩！”拉弟的话很难听，张工也一下子火了。最终，这件事闹大了，厂领导知道之后，对张工说：“老张啊，你既然能帮那么多人，帮一下梁拉弟又如何呢！她一个寡妇带着好几个孩子，日子艰难，每天没日没夜地干，你也要体谅她啊！你技术虽好，情商也要高一些啊！”张工却说：“我智商高就行了，情商高有什么用！难道情商高就能把机器修理好吗？”从此之后，张工虽然技术很高，但是因为故意刁难拉弟，所以在厂子里的口碑并不很好。这也直接影响到他在厂子里的工作，使他后悔莫及。

一个人在职场中，不但要有学历，有技术，有能力，也要有高情商，处理好人际关系。很多事情，不当的处理方式会对当事人产生负面作用。因为人是生活在群体中的，所以每个人的一举一动都看在他人的眼中，不得不接受他人的评判。所以，每个人都不可能完全按照自己的意愿去生活，即使是对于自己能够决定的事情，也要考虑到他人的感受，这样才能避免因为情商过低，授人以柄。假如张工在帮了那么多人之后，能够考虑到拉弟的现实情况和感受，也许就不会故意刁难拉弟，也就能为自己在厂子里树立光辉的正面形象。

很多人觉得情商高就是阿谀逢迎、拍马溜须，只会说好话，不会说难听的话，有的时候还很虚伪矫饰。其实情商并非是如此不堪，高情商能够帮助我们与他人处理好关系，即使是对于难以表达的话，也能说得更加入耳，从而打动人心，把话说到他人的心里去。

第02章

管理情绪，情商高的人懂得自控

生活中，人们都以为只有拥有好情绪才能工作、学习，他们很容易被身边的大事小事扰乱心绪，导致很多事情不能按计划完成，又因为情绪不好浪费太多时间，导致任务完成起来时间紧迫，结果情绪更焦虑。

掌握情绪的晴雨表，及时调整自己

常言道，五月的天，孩子的脸。其实，不仅天气有阴晴风雨，人的情绪也如同反复无常的天气一样是有阴晴的。尤其是对于很多感情细腻敏感的女性而言，也许前一分钟还是阳光明媚，后一分钟就因为莫名其妙的原因，变得晴转多云，甚至狂风暴雨。不过也无需担心，因为只要能够以得当的方法哄得女性朋友开心，下一分钟她们的脸又会雨过天晴，彩虹和阳光同时出现。如果用一个词语来形容女性的情绪特点，那就是——善变。

通常情况下，人的情绪都具有不稳定性，因为随着客观环境的改变或者事态的不断发展，女性的情绪马上就会敏感地发生变化，此外，女性情绪的持续时间也比较短，因而具有在短时间内迅速改变的特点。举个最简单的例子，一个单身女性兴冲冲地参加好朋友的婚礼，原本非常高兴，但是当想到自己至今还形只影单时，她也许马上就会变得沮丧绝望。然而，在好朋友们一起疯狂玩乐的情况下，她也许又会很快地消除郁闷的情绪，及时行乐，尽情和朋友们狂欢。随着对情绪了解的逐渐深入，我们渐渐意识到，不管是积极的情绪还是消极的情绪，都不会长久地驻留在我们的心头，而是会很快消散。既然如此，我们只有掌握情绪的晴雨表，才能及时调整自己的情绪，从而合理安排自己的生活，做到幸福快乐。

当然，即使情绪的变化反复无常，也是有规律可循的。只要我们做到认真细致，体察入微，就能够捕捉到情绪改变的预兆，从而更好地把握情绪，进行自我调整。细心的女性会发现，积极和消极情绪的表现截然不同。当我们拥有积极的情绪，哪怕是面对挑战和困境，也能鼓起勇气勇往直前。反之，当我们身陷消极的情绪，难免会沮丧绝望，不管做什么事情都提不起精神来。如此一来，我们怎么可能拥有振奋的人生呢？

人们常说，冲动是魔鬼，生活中的很多悲剧之所以发生，的确与冲突有着无法摆脱的干系。而且，人在愤怒的驱使下会导致智商降低，甚至做出很多让自己追悔莫及的事情来。只有始终保持情绪的平静，及时消除愤怒的情绪，我们才能维持理智，从而做出正确的选择。当然，人生并非平淡如水才好，有些时候我们的确需要热情的驱使，才能更好地拥抱和享受人生。例如，工作需要激情，生活需要热情，当积极正向的情绪成为我们人生最大的驱动力，我们的人生也会变得与众不同。总而言之，各种情绪都有神奇的能量，或者毁灭我们，或者成就我们。我们只有正确把握情绪，合理运用情绪，才能让情绪成为人生的助力。

需要注意的是，每个人的情绪都有自身的特点，因而我们要想了解自己的情绪，首先应该客观认知和评价自己。只有更加深入地了解自己，我们才能揭开情绪的神秘面纱，驯服情绪这匹野马。

倩倩最近正在和男朋友闹别扭，尽管相隔遥远，但是距离并不能阻碍他们时不时地斗嘴吵架。眼看着男友已经三天没有写信给自己了，倩倩非常气愤，请了半天假，来到县城里的邮局，怒气冲冲地要了一张电报纸，几笔就写了一行字。然而，她想了想，把电报纸扔掉了。随后，她又要了一张电报纸，这次她花了两分钟才写好，但是这张电报纸的命运也好不到哪里去，依然被扔掉了。在足足思考了五分钟之后，倩倩要了第三张电报纸，又用了五分钟时间一笔一画地写完，然后才郑重其事地交给报务员发出去。

倩倩离开后，报务员好奇地拿起三张电报纸进行比较，不由得哑然失笑。原来，第一张电报纸上赫然写着："我们完了，我再也不想见到你。"第二张电报纸上写着："再不给我写信，永不原谅。"第三份电报纸上写着："我要见你，乘车速来。"

没错，女孩的情绪就是这样千变万化，而且在很短的时间内就会有天壤之别。假如第一封电报发出去，也许倩倩和男友的爱情就结束了。第二封电报发出去，男友倘若爱面子，也必然不会妥协。第三封电报无疑是和解的强烈信号，也释放出倩倩对男友的浓浓爱意，相信男友一定会迫不及待地买车票，飞奔到倩倩身边。从另一个方面看，这也表现出倩倩是一个高情商的女孩，她明白冲动是魔鬼的道理，在没有确定分手之前，尽管一气之下写出语气恶劣的电报，最终却选择销毁。

生活中，有很多人都会受到情绪的影响，有些缺乏理智的人，就在冲动之中葬送了自己的幸福。其实，只要我们真正了解自己的情绪特征，能够做到像在交通信号灯的红灯面前一样宁停三分不抢一秒，冷静之后再妥善处理问题，我们的情商必然越来越高，也会远离低情商的冲动行为。除此之外，一个主宰自身情绪的人，不但能够做到善待自己，也能够做到使他人觉得舒服。特别是在遭遇危机的情况下，能够控制情绪的人就相当于掌控了大局。由此一来，自然能够拥有良好的人际关系，也会使自己的人生更顺遂如意。

保持平静情绪，想办法解决问题

不管是在生活中，还是在工作中，也不管是在顺境中，还是逆境中，情绪总是与我们如影随形。它无处不在，无时不在，总是影响着我们人生中的点点滴滴。毋庸置疑，大多数人在一生之中的大多数时候，还是拥有平和情绪的。然而前文也说过，人生总有意外，还会有突如其来的灾难，这种情况下只有内心真正强大的人才能做到坦然以对，大多数人别说面对灾难了，即便只是面对人生的不如意或者他人的误解，也会马上歇斯底里，引燃情绪的导火索。

在这种情况下，我们每个人都要对自己的情绪有一定的预知能力，而且还要及时作出预案。这样，在情绪突然爆发时，我们才不至于手足无措，也才能够有效避免因为情绪冲动导致的巨大损失。怒火中烧、歇斯底里，哪怕是气得七窍冒烟、口吐鲜血，也都于事无补。要想真正解决问题，唯有保持情绪的平静，想出理智周全的办法，才能尽量避免损失，挽回恶劣的后果。

常言道，冲动是魔鬼，这句话非常有道理。如今，网络非常发达，有任何风吹草动的事情发生，网络马上就会做出反应，因而好事不出门，坏事传千里也成为现实。经常关注网络新闻的朋友们会发现，很多邻居之间，甚至是夫妻之间、父母子女之间发生的悲剧，都与情绪冲动有着密切关系。在盛怒之下，哪怕有一方能够控制好内心的怒气，也就能够避开彼此情绪的疯狂阶段，给彼此时间恢复冷静。细心的朋友们会发现，很多时候在盛怒之下想要做的疯狂举动，一旦过了那个时间点，或者过去几分钟、几个小时，又或者过去一个晚上，我们的想法就会彻底改变。由此，人们说时间是治愈创伤的良药。哪怕是刻骨铭心的伤害，只要假以时日，最终也定然能够渐渐愈合，甚至淡忘。这就是时间的魔力。从这个意义上来说，当我们情绪冲动的时候，最好的办法就是冰冻自己的情绪，不要受到情绪驱使做任何事情，而要努力帮助自己恢复平静，也让自己得到最佳的心理治愈。这不但是原谅别人，更是宽容自己的表现。

调节情绪的方式有很多，诸如通过意识进行积极的自我暗示，通过语言开导和劝说自己，通过转移注意力的方法让自己忘记愤怒，也可以做一些让自己心情愉悦的事情，还可以设身处地地为对方着想。所谓只要功夫深，铁杵磨成针，我们也可以说，只要想方设法，只要真心不想因为一时冲动酿成大祸，我们总能够找到适合自己的方法平复情绪。

现实生活中，很多情商低的人都喜欢较劲。他们之所以生活得不快乐，就是因为时时处处与自己较劲，也与身边的人与事情较劲，甚至与自己的整个人生较劲。在这种情况下，他们的整个人生都是拧巴着的，又谈何幸福呢？因而，要想疏导自己的情绪，还要学会接受自己，接受他人，接受不能改变的事实。当我们的状态不再是对抗，人生也会因此顺遂起来。

有一段时间，王娟对于丈夫刘强极其不满意。原来，因为王娟此前不满意刘强的工作太辛苦，无暇照顾家庭，所以刘强刚刚换了一份工作。这份工作朝九晚五，不需要加班和出差，这样刘强就能每天按时下班，回家陪伴王娟和孩子了。不过，问题也随之而来，那就是刘强的工资收入锐减三分之一，每个月家庭整体收入也就减少了三千多元。原本，作为掌管家中财政大权的当家人，王娟每个月都能存下几千块钱，现在却每个

月只能保持开支平衡，根本没有余钱。这不，这样的日子刚刚过了几个月，王娟就从刘强每天按时下班的陪伴幸福中跌落出来，她开始喋喋不休：“你看看，我妹夫人家比你年轻十岁，每个月挣得可比你多多了呢！”一开始，刘强还能忍受，后来随着王娟的唠叨越来越频繁，他不由得怒火中烧：“早知今日，何必当初呢！是谁让我换工作的？”王娟自知理亏，却无理辩三分，丝毫不甘示弱：“怎么啦？我看那些大富翁人家每天都很清闲，难道你夜里不睡觉一天二十四小时都上班，就能赚到钱了吗？自己无能，就从自己身上找原因！”

听到“无能”二字，刘强气得悻悻然离开了。王娟却不依不饶，继续发短信辱骂刘强：“你呀，对于这个家可有可无，有和没有都一样，爱死哪儿就死到哪儿去，最好别回来了。”刘强看到短信气得浑身哆嗦，一个字也没有回复王娟。当天晚上，他住在单身汉朋友家里，没有回家。此后一连好几天，他都像人间蒸发了一样，毫无音讯。王娟不由得着急了，给亲戚朋友打电话，他们都表示毫不知情。此时，王娟才意识到自己的错误，觉得自己就像是一条歇斯底里的疯狗。她想起了刘强对待她和孩子的好处，不由得追悔莫及。

在这个事例中，王娟显然被愤怒冲昏了头脑，和自己所爱的人说话时，根本不假思索，口不择言。倘若她能够冷静思考，意识到凡事都不可两全其美，也意识到每个人都有自己的优点和长处，也许就不会看自己曾经深爱的刘强那么不顺眼。

直到刘强人间蒸发，她才惊慌失措，却不知道那一句句尖酸刻薄、恶毒的语言，带给刘强的伤害是永恒的。

日常生活中，夫妻之间斗嘴、吵架都是常有的事情。作为高情商的人，往往能够做到以柔克刚，而不会和爱人以硬碰硬。就像事例中的王娟，虽然逞了一时的口舌之快，但是原本幸福的婚姻生活却因此就像扎上了一个刺，甚至还有可能因此葬送，不得不说损失惨重。假如王娟能够学会平衡自己，也能够理解丈夫是为了多陪伴她和孩子才换工作的，她就不会不分青红皂白地抱怨，最终伤了丈夫的心。

假如你们也经常受到情绪的驱使，做出失控的事情，那么一定要从看到这篇文章开始，努力调整自己的情绪，千万不要因为冲动，做出让自己后悔的事情来。所谓说出去的话，泼出去的水，说些逞强、伤人的话除了伤害感情之外，没有任何好处。真正高情商的人，真正理智明智的人，绝对不会口无遮拦，口不择言。要想在人群中出类拔萃，就让自己成为一个高情商的人吧！当你成为情绪的主宰，你会发现自己同时也成了整个世界的主宰。

自娱自乐，别被坏情绪传染

所谓一个篱笆三个桩，一个好汉三个帮。秦桧还有几个好

朋友呢，更何况我们作为现代人呢！众所周知，多个朋友多条路，多个敌人多堵墙，正是在这种思想的影响下，每个人都前所未有地重视人际关系的建立，也希望自己能够拥有好人缘。现代社会，每个人都是生活在人群之中的，除了与朋友亲密接触之外，我们还难以避免地要与形形色色的人打交道，诸如亲人、同学、同事等。总而言之，没有任何人能够做到完全独立于世，不依靠任何人生活。那么，我们认识的人越多，就一定能够得到更多帮助和收获吗？其实不然。

所谓路遥知马力，日久见人心。很多时候，我们画虎画皮难画骨，知人知面不知心。抛开他人有可能存在的恶意不说，每个人的脾气秉性也是不同的，为人行事作风也迥然相异。在这种情况下，我们唯有通过与他人亲密接触，多多了解，才能真正熟悉他人，了解他人的脾气秉性，也才能拒绝受到不良情绪的影响。

尽管人们常说良师益友，但是现实情况却是，我们常常受到他人不良情绪的影响，成为他人情绪的垃圾桶，导致自身情绪也变得消沉低落。从某个角度而言，情绪就像是空气一样，不知不觉就会进入我们的心灵空间，防不胜防。尤其需要注意的是，人很容易受到情绪的感染，有的时候这种内心的变化我们根本毫无觉察。因而，当我们意识到某个人会带来负能量时，一定要及时远离对方。宁可少一个朋友，也不要让自己受到影响，意志消沉。所谓近朱者赤，近墨者黑，也体现在情绪方面。

要想主宰自己的情绪，我们就要娱乐自我。当然，这里所说的娱乐自我并非是指要远离他人，拒绝他人，也并非指的是明哲保身。而是说，我们要保护自己的情绪，不受负面影响和侵害，也要更加慎重地对自己的情绪负责，因为每个人的人生都是属于自己的。对于大部分人而言，要想做到这一点，一定要有主见。当然，我们也是需要积极采纳和综合参考他人意见的，但是这并不意味着我们要失去主见。归根结底，只有我们自己才最了解自身的情况，所以别人的意见只能作为参考，而不能全盘照搬。率性的人生，就是要遵循自己的个性，活出最真实的自我。

叶子是个非常喜欢交朋友的人，不管走到哪里，身边都簇拥着很多朋友。然而，叶子原本很喜欢刚刚结识的一个朋友，近来却在有意识地疏远对方。这到底是为什么呢？

前段时间，叶子和这个朋友一起去餐厅喝茶。在聊天的过程中，这个朋友一直都在向叶子诉苦，不是说公司里的同事不够好，就是说自己的人生了无希望，活着没意思，要不就是抱怨父母没有给她优越的生活条件。叶子渐渐厌烦起来，起初她还试着劝说这个朋友几句，后来却有些不耐烦。好不容易结束了聚会，叶子如释重负，赶紧逃离。后来，她和闺蜜说：“你不知道，我可算见识了损友。我每次和那个朋友见面，马上就会感觉原本阳光明媚的心情，突然间阴云密布，甚至在她

不停抱怨时，我也觉得自己的人生灰暗起来。”闺蜜笑着说：“看来你的正能量还是不够强大，不然不至于这么轻易被他人影响啊！”

闺蜜的话使叶子陷入沉思，的确，要是自己的内心足够强大，那么何必害怕被对方洗脑呢！想到这里，叶子信誓旦旦地说：“你说得对，我下次一定要以自己的正能量影响她，而不是总被她的负能量死死包围住。”

每个人都是独立存在的个体，因为每个人的世界观、人生观、价值观等，都是完全不同的。在与他人交往的过程中，我们难免受到他人潜移默化的影响，同样地，我们其实也在影响着他人。在这种情况下，我们当然要远离那些向我们传递负能量的人，同时也应该积极发挥自己携带的正能量，影响他人。要想不被他人的不良情绪左右，我们一定要坚持自己的主见，这样才能更加合理地控制和驾驭自己的情绪，也避免被他人引导，导致情绪低落。

现代社会，很多人都把“淡定”二字挂在嘴边。其实，有很多人都无法做到真正淡定。所谓淡定，就是不以物喜，不以己悲，能够从容地过着属于自己的生活，也对自己的选择无怨无悔。遗憾的是，更多的人总是盲目追随和模仿他人，根本找不到自己的人生方向。还有些人过于在乎他人的评价和意见，导致随波逐流。从现在开始就努力修炼吧，控制自己的情绪，让自己成为一个心平气和的淡定人，这样你才能拥有精彩洒脱的人生。

当然，需要注意的是，每个人都会或多或少受到外界的影响，因而我们也无需为此大惊小怪。只要坚持自我，把外界对我们的影响保持在合理范围内，我们就能够我型我秀，活出自己的精彩。

控制好情绪，避免形成“情绪链”

生活中，我们总会遇到一些影响我们情绪的事，我们平静的心会被扰乱，我们或开心、或悲伤、或愤怒，但这些激动的情绪若不进行排解，那么就会产生一个“情绪链”，因为情绪是会传染的，而我们就是这个循环反应的罪魁祸首。

其实，激动本身并没有任何破坏性，但在激动的情况下，人们会做出失去理智的事，它给人带来的负面影响可能远远大于我们的想象，会给我们的生活带来深远的影响。

薇琪是一家外企公司的职员，她心地善良，也受到很多同事的欢迎，可是令她不明白的是，为什么许多和自己一起进公司的同事都晋升了，而自己还在原来的位置上原地不动。

有一次，公司准备派一个女职员去接待合作公司的代表，薇琪想：“这次该是我去了吧，我是公司外语最好的，应该没

有理由不让我去了”。可是第二天，公司还是没让她去，而是让一个新手去了。这让薇琪很不舒服，她这次再也忍无可忍了，准备找主管问清楚。当她正准备进主管办公室时，她在门外听到主管和经理的对话。

“经理，这样不好吧，薇琪的确能力挺强的，这次是不是太伤她的心了。”

“就她那个火爆脾气，和合作方的代表两句话不对头吵起来都说不定，我可不能让她砸了公司的生意，你们有时间也多去劝劝薇琪改改自己的情绪，能力好也不能总工作情绪化，这是我们公司员工必备的素质和修养。”

这些话被门外的薇琪听见了，她终于知道自己的致命弱点了，怪不得以前大家都说在这家公司必须得养个好性子，否则别想升职，她算是明白了。

后来，薇琪尝试着控制自己的情绪，每次当自己要发作时，她都会选择以写字的方法来转移情绪。当她写了满满一页纸的时候，她的心情也就好了。一段时间以后，她的谈吐果然不一样了，整个人的气质也由内而外改变了很多。不到几个月，这些改变都被领导看在了眼里，当然她的晋升梦实现了，关键的是，她的品质和修养也都得到了提升。

人类最大的敌人永远是自己，坏情绪就像那弹簧，假如你一次又一次地后退，坏情绪就会一次又一次地前进，直到最后占据你心灵的高地，全盘操纵你的一切，你的正义、勇敢、上进、积极、坚毅的品格全都遭受最无情的蹂躏和践踏，直至这一切消失殆尽，于是，你走向失败，走向毁灭。

其实，有时候，我们周围发生的事，和我们并无多大关系，不要让别人的言行激起你的负面情绪。比如，当你逛街时，本来心情很好，但却看到有人在街上谩骂，于是你马上就感到他是在骂你，或是认为他不应该这样做，你也跟着掺和进去，跟他对骂，结果，显然心情变得很糟。又比如，你穿了一件漂亮的衣服去上班，有同事看到了不仅没称赞你的衣服漂亮，还说你看起来“更胖”，你的心情马上大打折扣。

其实想想，万千烦恼事，我们没必要太过计较，大度一点，情绪就不会爬上眉梢，也不会掌控我们，我们就能更显雍容和优雅。

“风吹屋檐瓦，瓦坠破我头；我不恨此瓦，此瓦不自由。”的确，砸到我们头的那片瓦，是被风吹落的，并不是有意为之，生活中的那些触犯你的人何尝不是如此呢？不必要生气，多为对方考虑考虑，你就能赢得尊敬和赞美，成就自己良好的品质。

人们在遇到一些或悲或喜的事情时，都会激动，并且很难一下子冷静下来，所以当你察觉到自己的情绪非常激动，眼看控制不住时，可以及时用转移注意力等方法自我放松，鼓励自己克制冲动的情绪，对此，我们还可以尝试一下深呼吸方法。

在深呼吸后，你可以通过自我暗示来平息情绪。比如，当

你遇到有人超车时，你能对自己说："这个人大概有什么急事吧。"或者说："也许我的车开得的确太慢了。"那么，你就不至于会发火了。事实证明，"重新判断"的确是一种极为有效的控制不良情绪的方法。

最后还有一点，就是在我们控制住冲动的情绪后，还要重新思考，努力打开心结，为什么会有冲动的情绪，为什么自己不能从一开始就看开点，为什么不能很好地控制情绪，这样才能从源头遏制冲动。

总之，在生活中，应该懂得自己掌握情绪，既不要让别人的坏情绪影响到自己，也不要让自己的坏情绪影响他人；同时，要把自己快乐、积极的情绪传递给他人。因为每个人都希望自己是快乐的，当你的积极情绪传递给他人的时候，必然会被他人所接受。

积极乐观，人生往往充满奇迹

轻易感到悲观绝望的人，往往很难坚持不放弃，为自己赢得生机。他们总是在遭遇困难和挫折的时候就放弃，也因而导致无法坚持到最后时刻。喜欢看好莱坞大片的人会发现，那些男女主角，不管遭遇多少坎坷，甚至是身陷绝望之中，也从不放弃，而是一直努力努力，再努力！生活中，假如我们每个人都能这样积极乐观地面对人生的馈赠，那么也一定能够勇往直前，无所畏惧。当然，我们也能因此赢得奇迹出现的机会，给自己更多的生机。

1939年，波兰首都华沙沦陷，德国大军开进了华沙。此时此刻，正在与未婚妻蒂娜筹备婚礼的卡亚，也难以逃脱厄运，和大多数犹太人一样被残暴地抓进了集中营。从此之后，他一直在集中营里度日如年，再加上对未婚妻的思念和对家人的担忧，使他精神几乎崩溃。

看到卡亚痛苦不堪的样子，和卡亚关在一起的一位老人说："孩子，只有活着，才有希望。你一定要活下去，记住，任何时候都不要放弃！"老人的话使卡亚恢复平静，的确，如果生命不复存在，那么一切希望和憧憬也都将不复存在。卡亚下定决定，无论在集中营里的日子多么难熬，他都要坚强乐观地活下去，绝不失去生的希望和勇气。由于食物紧缺，每天的一碗汤和一块面包根本无法维持一个成年人基本的生理需求。饥饿的人们又遭受严酷的刑罚，很多人都无法忍受这种折磨，失去了宝贵的生命。卡亚始终牢记着老人的话，不停告诉自己：我要活着，我必须活着！他虽然和其他人一样瘦骨嶙峋，但是精神还算清醒。就这样，在经历五年的非人折磨后，集中营里的人从四千人，到只剩下不足十分之一。在天寒地冻的季节，仅剩的这些人被手镣脚铐串联起来，被驱赶着去往另一个监狱。又有很多人因为饥寒交迫，死在了千里冰封的原野上。

然而，卡亚活下来了，尽管他的生命之光很微弱，却从未停止跳动。直到1945年集中营被攻破，卡亚才与那些残缺的同胞们离开监狱。很多年过去了，卡亚依然牢记着老人当时的叮咛，他在自己的书里写道：“假如没有老伯的忠告，我一定会被恐惧、绝望打败，根本不可能活着出来。”

卡亚之所以能够在如同人间炼狱般的集中营里活下来，这一切都取决于他坚定不移的求生意志和积极乐观的情绪。难以想象，人的生命竟然那般坚强，居然能够忍受重重折磨，也决不放弃。

和卡亚相比，今天的我们简直太幸福了，生活安定，世界和平，但是依然有很多人抱怨命运，抱怨人生。他们自以为付出了很多，却没有得到应有的回报，实际上是他们索求的太多。心，如果不知足，是不会感到幸福的。心，如果不坚定，是不可能等到奇迹出现的。我们理应调整自己的情绪，让自己变得积极乐观，这样才能给自己带来无限生机！

第03章

坚守目标，情商高的人拼命努力

古人曰：“不积跬步，无以至千里；不积小流，无以成江海。”情商高的人在追求梦想的道路上，更懂得坚守目标，戒骄戒躁，坚持不懈，始终记着心中的目标，持续努力，最终会收获丰硕的果实。

清晰目标，为努力标明方向

哲人说：“谁也不能随随便便成功，它来自彻底的坚定信念和顽强的自我管理。”而那想成功的强烈欲望需要目标的刺激，有了明确的目标，才能刺激出强烈的欲望，如此一来，做事才有可能获得成功。试想，一个茫然无措的人，他的人生毫无目标可言，这样的一个人，他怎么会有想成功的欲望呢？他的人生不过是“今朝有酒今朝醉”，当一天和尚撞一天钟，到最后，他定是一事无成。相反，人生若是有了清晰的目标，那就意味着人生有了方向，他毕生都将为那个目标而努力奋斗，更重要的是，因为心中有了明确的目标，才会刺激出强烈的欲望。在他们心里有个声音响起：“一定要完成这个目标！一定要达到这个目标！”以此激发出想成功的欲望，到最后，他们就真的朝着目标前进，最终登上了成功的顶峰。

在很多时候，我们都有着自己的想法：希望自己将来能像松下幸之助一样成为获得巨大成功的实业家，希望进入自己梦寐以求的公司，谋得一个称心如意的职位，等等。但是，最终，有的人能够实现自己的愿望，走向成功的人生；而有的人却不管怎么努力都达不到自己的理想，过着不幸福的日子。这其中的差别在于是否存在明确的目标，很多时候，决定你命运的绝不是才能，更不是环境和外在条件，而是你给自己定下的目标。从现在起，给自己定一个明确的目标，然后朝着这个目标前进，在潜意识强大的力量之下，强烈欲望的刺激之下，你真的会达到自己当初所定下的目标。

有一位年轻的乞丐，每天总是懒洋洋地斜躺在地上，在面前放一个破碗，旁边还放着一根讨饭棍。许多人从他身边经过，有的人觉得他可怜，就会在他的破碗里丢几个硬币，年轻的乞丐似乎很享受这样的生活。

有一天，西装革履的律师找到了乞丐，对他说："先生，您好，您的一个远方亲戚不幸去世了，留下了三千万美元的遗产，根据我们的调查，您是这笔遗产的唯一继承人，所以请您在这份文件上签个字，这笔遗产就属于您了。"在这瞬间，这位年轻人从一无所有的乞丐变成了富翁，轰动了社会。一位记者前去采访他，好奇地问道："您得到这笔三千万的遗产后，最想要去做的是什么事呢？"年轻人回答："我首先要去买一个像样一点的碗，再去买一根漂亮的棍子，这样我就能像模像样地讨饭了。"

习惯于过着漂泊无依生活的乞丐，他的人生并没有什么明确的目标，无非是一天求个温饱，有地方睡觉，别无他求。正是如此毫无目标的生活，让乞丐失去了人生的方向，即使在他面前有一个可以改变自己一生的机会，他也会错失良机，甚至，浪费这个机会来过着自己原本就一无所求的生活。

对此，有人说：“也许你现在与别人差距不大，那是因为你们距离起跑线不远，而不是你比别人聪明，或者说上天眷顾你，你是属于那10%、60%还是剩下部分，只有你自己最清楚，不过，希望你能努力成为那10%的目标清晰的人。”

1. 目标是催人奋进的动力

有人曾这样说，无论一个人现在多大的年龄，其真正的人生之旅，是从设定目标那一天开始的，之前的日子，只不过是在绕圈子而已。要想获得成功，我们就必须拥有一个清晰而明确的目标，目标是催人奋进的动力。如果你缺失了目标，即使每天你不停地奔波劳碌，却还是无法获得成功，而成功者之所以能轻松地走到成功，那是因为他们的目标明确。

2. 有了目标，你的人生才有希望

一个没有目标的人就像是一艘没有舵的船，永远过着飘泊不定的生活，只会到达失望和丧气的海滩。为什么许多人即使付出了艰辛的努力，但还是无法成功？其实，这是因为他的目标总是模糊不清或者根本没有实际可行的目标。

在生活中，一旦我们确立了清晰的目标，也就产生了前进的动力，所以，目标不仅仅是奋斗的方向，更是一种对自己的鞭策。有了目标，我们就有了生活的热情，有了积极性，有了使命感和成就感。

立即行动，向既定目标奋进

曾有人问一个做事拖拉的人："你一天的活是怎么干完的？"这个人回答说："那很简单，我就把它当作昨天的活。"这就是拖沓的习惯，其实，拖沓岂止是把昨天的活留到今天来干。有人给拖沓下的定义为：把不愉快或成为负担的事情推迟到将来做，特别是习惯性这样做。如果自己是一个做事拖沓的人，那么生活中我们大部分时候都在浪费时间，做一件事也需要花很多时间来思考，担心这个或担心那个，或者找借口推迟行动，但最后又为没有完成目标任务而后悔，这就是"拖沓者"典型的特点。拖沓对于成功来说，是一个讨厌的绊脚石，拖沓的习惯会阻碍目标任务的完成。所以，要想获得成功，就需要向目标立即奋进，拒绝拖沓。

1. 朝着目标，立即出发

在《致加西亚的信》中，阿尔伯特·哈伯德讲述了罗文送信这样的情节："美国总统将一封写给加西亚的信交给了罗文，罗文接过信以后，并没有问：'他在哪里？'而是立即出发。"拖沓、懒散的生活态度，对许多人来说已经是一种常态，要想成为罗文这样的人，我们就应该拒绝拖沓。

2. 培养做事不拖沓的习惯

通常来说，一个人成就的大小取决于他做事情的习惯，克服拖沓是做事情的一个重要技巧。我们要想完成既定目标，

取得成功，就应该培养做事不拖沓的习惯，通过逐渐学习“吃掉那只青蛙”，不断地重复。一旦养成了这个习惯，“完成目标，马上行动”就会成为一件自然而然的事情。

果断认定目标，蓄力而行

有了目标，就应该果断地为之努力，并不断地坚定这个目标，千万不要犹豫，一旦你陷入犹豫的漩涡，你将会被吞噬。等到你再次做出决定的时候，目标早已经变得模糊，这时候，你还能像当初那样意气风发吗？在实现目标的路途中，有的人目标丢失了，有的人目标实现了，有的人目标尚未实现。然而，在朝着目标前进的路途中，我们需要记住一个原则：看准目标，一举拿下，只有果断做出决定，目标才不会遥不可及，才可以成为现实。在生活中，我们经常祝福朋友“梦想成真”，其实，这样美好的祝福一样适用于心中既定的目标，只要我们能果断地拿下目标，那么成功就又离我们近了一大步。所以，在现实生活中，若是认定了目标，不要犹豫，否则你将会丧失追逐目标的勇气。

有人讲述了这样一个故事：

在我小学六年级的时候，由于考试得了第一名，老师送给我一本世界地图，我十分高兴，回到家就开始翻看这本世界地图。然而，很不幸的是，那天正好轮到我为家人烧洗澡水，我一边烧水，一边在灶间看地图。突然，我看到了一张埃及的地图，原来埃及有金字塔、尼罗河、法老王，还有许多神秘的东西，我心想：我长大以后一定要去埃及。我正看得入神的时候，爸爸走过来了，他大声对我说："你在干什么？"我说："我在看地图。"爸爸跑过来给了我两个耳光，然后说："赶快生火！看什么埃及地图！"然后，他又踢了我一脚，严肃地对我说："我给你保证！你这辈子绝不可能到那么遥远的地方！赶快生火！"

我呆住了，心想：爸爸怎么给我这么奇怪的保证，真的吗？难道我这辈子真的不能去埃及吗？我开始陷入了犹豫，但这时心中有个声音在说："不要犹豫，否则，你就会失去目标！"于是，我醒悟了过来，我坚定了自己的目标，不再犹豫，我的目标就是去埃及。

20年后，我第一次出国就是去埃及，朋友都问我："你到埃及去干什么？"我说："因为这是我的人生目标，我的生命不需要被保证。"我自己跑到了埃及，当我坐在金字塔的最前面，我买了张明信片写给爸爸："亲爱的爸爸，我现在在埃及的金字塔前面给你写信，记得小时候，你打我两个耳光，踢我一脚，保证我不能到这么远的地方来。"

即使自己的目标遭到了爸爸的讽刺，甚至连自己的生命也被保证了，但是，面对内心的声音，面对那早已经定下的目

标，他没有犹豫，他果敢地为自己写下这样的人生目标：去埃及！因为当初的果断，他后来真的去了埃及。如果在爸爸的训斥下，他犹豫了，觉得自己或许不能达成目标，可能他这辈子就真的没有办法去埃及了。很多时候，目标需要被认定，如此，它才能彰显出更大的力量，否则，你的目标将永远是模糊不清的，那也将意味着你难以达到自己的目标。

1995年，马云受托去美国催讨一笔债务，结果，他一分钱都没有要到，但他发现了互联网。顿时，马云意识到互联网是一座等待开掘的金矿，在回到杭州之后，马云身上只剩下1美元和一个疯狂的念头：做互联网。

然而，当他把自己的目标告诉身边的朋友时，却遭到了朋友的一致反对，但是，马云并没有犹豫，而是坚定了自己的目标。在后来的四年时间里，马云舍弃了2次，这其中的艰辛可想而知，但是，马云的互联网目标却丝毫没有动摇，他再一次决定：回杭州创办自己的公司，一切从零开始。1999年4月15日，阿里巴巴上线，很快在商业圈里声名鹊起，马云开始在世界各地讲述互联网的梦想，著名的风险投资公司InvestAB的亚洲代表人蔡崇信加盟到其中，随后华尔街多家公司向阿里巴巴投入了500万美元，一时之间，阿里巴巴声名大振，马云的目标实现了。

面对“创建互联网”这个目标，马云没有犹豫，而是一举拿下。如此的果敢精神，为他后来的努力提供了强大的精神支柱。当然，在确立目标的那一刻，你首先需要认定自己是否有足够的能力来达成目标。因为一个人应该首先认定自己有能力实现目标，其次才是用双手去建造这座理想大厦。

1. 目标需要被认定

有的人为自己确立了目标，但是，如果旁边的人说了什么，他就开始犹豫自己的目标是否可行，这样一犹豫，当初那种为了目标而不懈努力的冲劲自然淡了下来。等到他再次认定目标的时候，心中的豪情壮志早已经消失得无影无踪了。因此，目标需要被认定，而且是毫不犹豫地认定，否则，你只会失去了目标。

2. 犹豫将会为你制造更多的障碍

在实现目标的路途中，我们可能会遇到许多的困难与挫折，但只要你能坚定目标，那么，再多的障碍你都会跨过去。反之，如果你一再犹豫不决，那么，只会为你前进的道路制造更多的障碍，这样一来，目标定是难以实现的。

找到适合自己的目标

目标的重要性无需多言，每个人都明白。这是成功的基础，有了目标之后，人们才会有前进的动力，才不会盲目地进攻，才知道哪些事情应该做，哪些事情不该做，哪些事情又怎样做。大道理没有必要多讲，但是，对于奋斗中的人们来说，该怎么样做才能确定一个明确的目标呢？

我们知道，人生确立一个什么样的生活目标，需要根据主客观的条件来设置。每一个人的条件不同，目标也就不可能会相同。不过，确定目标的方法却是一致的。那么，下面我们就怎样确立个人目标来做一下重点介绍。

1. 目标要符合社会时代发展潮流

个人目标犹如一个“产品”，而大的社会时代则是“产品”应用的“市场”。没有市场需求的产品就等于废品，因此，我们在制定目标的时候就应该考虑到社会的需要。毕竟，有了需求才会有市场，才会有位置。

2. 确立目标应该适合自身特点

不同的人有着不同的性格、兴趣和长处。我们在确立目标的时候，就应该以这些东西做基础和参照物，把目标建立在你最喜欢的东西和最擅长的东西上。一旦做到了这一点，奋斗起来就会轻松得多，遇到的困难也会小得多，奋斗的过程中也就不会出现苦恼和迷茫。

3. 目标应该符合现实

有些人在制定目标的时候，总是感到非常迷茫，不知道是该制定一个较高的目标，还是制定一个稍微低一点的目标。总体来说，制定一个较高的目标要好一些，但是在制定较高目标的时候，千万不能好高骛远，脱离现实。当然，制定一个相对低一些的目标也未尝不可，但是万万不能制定的太低，那样的话就不利于你个人才能的发展。

4. 目标不能太宽泛

目标在层次上有高低之分，在幅度上也有宽窄之别。我们在制定目标的时候，尽量不能制定的太宽泛，而是要相对窄一些，制定的窄了，就能让你的力量集中。换句话说，就是用相同的力量来做不同的事，专业面越集中，作用就会越大，成功的几率也就越高。因此，在目标的幅度上，还是要窄一些的好，这样的话就能将全部精力都投放进去，成功的概率就大一些。

5. 目标实现的预期要长短配合

制定一个长期的人生目标，可以对人生有一个较好的规划，但是如果时间太长，人在奋斗的过程中就可能出现松懈的情绪，一旦发现不能实现，还有可能会轻易地放弃；制定一个短期的目标，实现起来固然要容易一些，但是，如果只盯着短期目标的话，人就可能变得鼠目寸光，缺乏一个整体的打算。故而，在制定目标的时候，要做到预期长短结合。在你的生涯之中，可以通过短期目标的达成来体验到追求的乐趣和成就感，同时有了长期的目标存在也就不会志得意满，忘乎所以。

6. 在同一个时间段内，目标不可太多

对于一些工作目标而言，在同一个时期内不能制定的太多，最好集中为一个。须知，目标多了就会分散注意力，也就等于没有了目标。打个比方来说，狼在追逐猎物的时候，从来只是死死盯着一只不放，却从来不会在同一时间内去追五个猎物，因为非但操作起来比较困难，还会白白地浪费掉体力。因此，在确定目标的时候，就应该将其集中到一个焦点上。

7. 目标一定要明确

目标就好比射箭的靶心，清清楚楚地摆在那里。如果这个靶心显得过于模糊，也就失去了其应有的作用。比如说，有人胸怀大志，立志要做一番事业，但是事业这么多，他却不知道具体从事什么领域，怎样去做也不知道，这样就等于没有了目标。立志做一番大事业不是目标，而是信心和激情，两者是不可同日而语的，如果你将激情当成了目标，非但不会让目标发挥应有的作用，还可能会制造假象，你投入了大量的时间、精力和资金，也是没有任何用的。到头来，就会出现十年之功，毁于一旦的悲剧。

8. 制定目标还要给自己留有余地

目标是前进的动力，但是制定不好还有可能成为紧箍咒。比如，你给自己制定的目标过死，没有回旋的余地，非要在三年之内如何如何，五年之内怎样怎样，而这些目标却未必能够在三五年内就顺利实现。你为了达成这个目标，就会加快步伐，这样一来，就可能导致欲速则不达的局面，不但让计划落空，还会影响工作的质量。这样一来，目标就失去了其应有的作用。故而，在制定目标的时候，可以适当地激励一下自己，却不能强迫自己，而是要适时地留有一定的余地。

忍耐暂时的痛苦，追逐长远的目标

成功和财富是成千上万的人的梦想，但是真正实现自己梦想的人却是凤毛麟角，寥寥无几。有人说，这是命运和机遇在作怪。事情绝非是这样的，真正的原因就在于，在追求成功的道路上，面对种种艰难险阻，太多的人缺少了坚韧的性情，缺乏忍耐精神。他们喜欢幻想，却又意志脆弱。

自古以来，人们就推崇大丈夫能屈能伸、忍辱负重的精神，反对那种没有城府，遇到一点小事就发脾气使性子的作风。几千年来，人们一直认为，忍耐是理智的选择，是成熟的表现，也是成功的先决条件之一。忍耐，就是要求把眼光放得远一点，为了长远的目标，能够忍耐一时的痛苦，不计较眼下的一些得失。

对于成就大事的人来说，忍辱负重是成就事业必须具备的基本素质。孟子曾经说过："天将降大任于斯人也，必先苦其心志，劳其筋骨，饿其体肤，空乏其身。"宋人苏轼在《留侯论》中说："古之所谓豪杰之士者，必有过人之节。人情有所不能忍者，匹夫见辱，拔剑而起，挺身而斗，此不足为勇也。天下有大勇者，卒然临之而不惊，无故加之而不怒，此其所挟

持者甚大，而其志甚远也。”能在各种困境中忍受屈辱是一种能力，而能在忍受屈辱中负重拼搏更是一种本领。小不忍则乱大谋，凡成就大业者莫非如此。古往今来，有很多人的成功都是建立在忍耐的基础之上的，比如卧薪尝胆的勾践，受胯下之辱的韩信，等等。

越是潜伏得时间久的鸟，就会飞得越高，而越是盛开得早的花儿就越是凋零得快。人生的过程，就是一个忍受磨难、挫折和困难的过程。越是急不可耐，越是苛求成功，就越是会栽跟头。因此，为了成功，我们就应该选择忍耐。

有人觉得，忍耐是一种没有骨气的表现，是为五斗米折腰的卑躬屈膝之辈。这样理解就有些偏颇了。毕竟，除了一时的尊严之外，我们还有更长远的目标，只要是眼下的折磨不违背整体的道德，只是牺牲一下个人的尊严，我们还是需要选择忍耐。毕竟，一时的容忍不是对命运的屈服，也不是卑躬屈膝，而是对未来的积累和铺垫。

在太多的时候，我们需要放低姿态，匍匐前进。如果我们一直是昂着头走路的话，就难免会有撞得头破血流的一天。故而，为了少一些伤害，我们就应该选择一种“主动趴下，匍匐前进”的明智方式。诚然，主动趴下，匍匐前进，从表面上看去显得非常不舒服，速度也比较慢，缺乏英雄气概，但是，这样的方式却是最快捷、最安全、最有成效的一种方式。

东汉光武帝刘秀，在参加起义军的时候，他的哥哥刘縯在争权夺位中被刘玄杀害。刘秀悲痛万分，很想为哥哥报仇，但是他自己的力量很单薄，和刘玄硬拼的话，只能是以卵击石。于是，他就忍着满腔的悲痛，装作没事儿的样子，诚惶诚恐地向刘玄道歉。刘玄看到了他害怕的样子，就放过了他。

刘縯死后，他的手下们都很愤怒，发誓要为他报仇。这些手下们见到刘秀之后，就纷纷表示，要听从刘秀的调遣，为刘縯报仇。刘秀却强忍悲痛，一再引咎自责，也不为兄长发丧，饮食言笑一如平常。为了获得刘玄的信任，他还在刘縯尸骨未寒之际和阴丽华举行了婚礼。刘秀的冷静态度使刘玄感到内疚，为了补偿过失，他拜刘秀为破虏大将军，封武信侯。

刘秀以隐忍求全终于渡过了难关，保全了性命，后来，他抓住了时机，壮大了自己的力量，建立了东汉王朝。他在坐上皇帝之位后，就把刘玄给废为庶人，为哥哥报了大仇。

忍耐是动力。谚语云："万事皆因忙中错，好人半自苦中来。"要成就一件事情，须观察时机，等待因缘，急不得的。受苦忍耐是一种承担、一种处理、一种等候，也是对因缘法的认识。许多事业有成者都在忍耐多次失败后，越挫越勇，最后取得成功。因此幻想一夕有成，不如在艰难困苦当中忍耐、涵养，一旦时机成熟，必然水到渠成。刘秀的故事，就是最好的见证。

在生活中，我们经常会遇到一些让人气愤的事情。遇到了这些事情之后，有的人会任性而为，大发脾气，甚至大吵大

闹，伸拳动腿，更有甚者还会抹脖子上吊，总之，就是咽不下胸中这一口恶气。结果呢，气倒是出了，坏事也跟着来了。那些理智的人却不会这样做，他们认为这种任性而为的选择是幼稚的，为了泄一时之愤而做出一些出格的事情来，就会影响到人生的整个格局，因此，他们就选择了忍耐。在他们选择忍耐的时候，成功也就悄悄地降临在了他们的身上。

人们都说，“忍”字心头一把刀。其实这个刀不是用来伤害自己的尖刀，而是催促自己为了事业前进的利剑。只要是我们运用得当，忍一时之痛、之愤，就一定能够等到胜利的那一刻。

第04章

开拓思维，情商高的人敢于打破陈规

生活中，大部分的人总喜欢按照已有的规律、方法去思考、理解问题，结果阻碍了自己思维发散，限制了思想。而高情商的人则更懂得打破思维局限，开创崭新世界，更容易在各行各业的竞争中找寻属于自己的一片天地。

情商高的人更具创造力

前文我们说过了情商与智商虽然彼此独立，但是却又相辅相成，绝不彼此对立。一个人如果能够兼具情商和智商，则会在人生之中别有洞天。尤其是当高情商者还具备超强的创造力时，人生简直如虎添翼，会给人带来很多的惊喜。情商和创造力之间，其实是相辅相成的关系。高情商者往往能够控制自身的情绪，是自己情绪的主宰，因而始终保持心平气和，心情愉悦。如此良好的心境，对于创造力的发展会起到极大的推动作用。

高情商的人具有一定的创造性，尤其他们的良好情绪和自制能力不但有助于他们发展自己的创造力，对于他们人际关系的建立也能起到很好的促成作用。试想，现代社会谁能脱离他人的帮助而取得成功呢？人际关系在现代社会就是无比珍贵的人脉资源，能够获得他人的帮助，也就相当于找寻到了成功的捷径。

1824年5月7日夜晚，维也纳正在进行一场别开生面的演奏会。这个时刻终究会被历史铭记，也会被深深地镌刻在音乐艺术的史册上。维也纳是举世闻名的音乐之都，即便皇族大驾光临，人们也至多行礼三次。但是这个晚上，如果不是有警察维持秩序，人们也许会激动地给予演奏者数十次掌声……这天晚上，欧洲乐坛上又多了一部永垂不朽的著作，这就是贝多芬的《第九交响曲》。

当人们爆发出雷鸣般的掌声，正站在舞台上背对听众的贝多芬却无知无觉。女低音歌唱家翁格尔被观众的热情所感染，激动地拉着贝多芬的手，示意他转身。这时，已经失去听力的作曲家贝多芬，“看到了”听众们的热情排山倒海而来。因为过于激动，他居然昏厥了。从此之后，贝多芬的《第九交响曲》响遍全世界，受到全世界人们的喜爱。

有谁知道，贝多芬正是在双耳失聪的情况下，创造出了让整个世界都为之震惊的乐曲。而命运多舛的贝多芬在刚刚失去听力时，又是怎样的痛不欲生。最终，他以顽强的毅力战胜苦难，朝着苦难走去，最终超越苦难，创造出世界乐坛上的奇迹。

如果没有顽强的毅力，如果没有坦然接受和勇敢挑战厄运的决心，也许贝多芬就会因为失去听力，也失去了自己整个的音乐世界。幸好，贝多芬是坚强的，所以世界音乐史上才多了一个绽放异彩的瑰宝。不得不说，是高情商挽救了贝多芬的音乐生命，也拯救了世界乐坛。时至今日，《第九交响曲》依然受到无数人的喜爱。如果缺少了这支举世闻名的乐曲，世界乐坛也会为此黯然失色几分的。

创造力总是伴随着高情商者，也正因为高情商者在各个方面的出色表现，所以他们的创造力才能喷薄而出，最大限度地表现出来。任何情况下，都不要小瞧一个人的创造力表现出来的巨大能量，那有可能是推动整个世界不断进步的力量。

敢于创新，打破思维局限

生活中，人们无形之中养成了很多习惯，诸如习惯了饭前洗手，习惯了晨起洗脸刷牙，习惯了睡前洗个热水澡，也习惯了在公众场合排队，等等。这些习惯之中有些是好习惯，也有很多并非对生活有益，例如有些人习惯了喝酒，习惯了抽烟，习惯了对他人颐指气使，习惯了不讲礼貌，这些非但对我们自身没有任何好处，也会影响他人的生活，给他人带来不好的体验和感受，甚至还会导致人际关系恶化。对于这些坏习惯，当然是要积极改进的，这样才能避免对自身和他人造成伤害。

其实，人们不仅行为上会养成习惯，思维上也会养成习惯。所谓思维上的习惯，指的是思维墨守成规，因循守旧，无法突破固有的思维模式，导致陈旧迂腐，这就是思维定势。思维定势当然也有一定的好处，它能够使人们在遇到问题的时候及时作出反应和应变。但是如果遇到新的问题，却不能因时而动，依然以老的思维模式来处理问题，就会导致故步自封，也会使人们无法推陈出新，想出新的办法解决问题。

众所周知，现代社会随时随地处于变化之中，每时每刻都在进步。假如一个人跟不上时代和潮流的步伐，所谓逆水行舟不进则退，就会导致处于退步之中。人人都有懒散的惰性，我们一定要克服懒惰的心理，不要因为害怕麻烦而不敢创新，或者畏惧改变。也许，今时今日的改变，就是为了明时明日的进步。只有大胆地往前走，我们才能得到梦寐以求的进步。

很久以前，一位思想家和一位工程师一起去埃及旅游。他们结伴来到举世闻名的金字塔，准备一起登塔参观。在金字塔的脚下，工程师突然听到有人叫卖猫，不由得觉得好奇，因而离开思想家，寻声找去。果然，有个老妇人在卖一直黑色的玩具猫，标价800美元。看到工程师对猫很感兴趣，老妇人赶紧说："这只猫是祖传的宝贝，只因为孩子身患重病，无钱医治，所以才忍痛出售。"工程师看到这只玩具猫通体漆黑，拿在手里沉甸甸的，暗自以为是铸铁的。不想，当看到猫的眼睛时，他却发现猫眼熠熠闪光，猜测一定是珍珠。为此，他问老妇人："我付出五百美元，买下这两只猫眼，如何？"老妇人等钱救命，心急如焚，只好同意了。

工程师兴冲冲地拿着猫眼回到思想家身边，说："看看，我花五百美元就买到了这对珍珠，如何？"思想家认真观察这对珍珠，发现果然是稀世珍品，价格应该在两千万美元左右。为此，思想家赶紧问工程师："那个卖猫的老妇人可曾还在？”工程师漫不经心地说：“也许还在卖猫吧，只不过是没有眼睛的猫。假如我是你，我可不会去买猫，铸铁的买来有什么意思呢？”思想家问清楚地点后，马上冲了出去，不出半个小时，他就抱着那只黑漆漆的没有眼珠的猫回来了。工程师哈哈大笑，问：“你花多少钱买来了这个废物？”思想家头也不抬地说：“三百美元！”原来，思想家正在一边走，一边用不知道从哪里找来的刀子刮掉黑猫身上的黑漆呢！等到露出黑猫的真面目，工程师不由得惊呆了，原来这只猫居然是纯金铸造的，他追悔莫及。这次，轮到思想家得意洋洋地说：“一只拥有珍珠眼睛的猫，怎么可能是铸铁的呢？”

猫的主人因为思维定势，从未想过为何祖宗要把这样一只平淡无奇的黑猫作为传家宝，世代流传下来，即使在变卖之前，也不曾想对黑猫的本来面目一探究竟。工程师呢，只知道人的眼珠是最珍贵的，因而想到这只黑猫居然有一对价值不菲的眼睛，却没有想到一只不值钱的猫如何能够配得上这样一双眼睛！只有思想家具有大局观念和全局意识，想到黑猫必然与众不同，因而狂奔出去以三百美元的价格，买下来了一只纯金铸造的沉甸甸的猫。

人类的历史长河中，无数伟大的发明和发现，都是从打破思维常规开始的。任何情况下，我们只有突破思维的僵局，才能从中发现新的闪光点，也才能点燃自己的思想之路，让自己的人生也因此变得熠熠生辉。

积极的心理暗示，激发无穷潜力

人人都有潜意识，潜意识的力量是非常强大的，甚至超出我们的想象。虽然潜意识平日里不显山不露水，即便偶尔显现，也是冰山一角，但是潜意识正因为其无知无觉，是在无形中影响人们，所以更显得神秘莫测。

虽然潜意识看不见摸不着，但却是实实在在存在的，而且影响着人生的各个方面，因而如今心理学家们对于潜意识越来越关注，也提出了各种引导和建立潜意识的理论学说。诸如人们平日里可以进行积极的心理暗示，这样一来心态就会变得更加乐观开朗、积极正向；在遇到情绪消沉失落的时候，还可以及时控制情绪，从而避免情绪继续恶化，导致事态无法控制。

这段时间以来，林丹面临着一个前所未有的难题，那就是她因为工作上出现重大失误，被停职反省了。这对于公务员而言，是非常严重的事情，因为也许铁饭碗就此就失去了。为此，林丹寝食难安，满面愁容。看到林丹的样子，好朋友乔乔说："你呀，再怎么愁眉不展也没有用。我劝你不如该吃吃，该喝喝，该来的总会来的，不会因为你的忧愁就改变。反而如果你能够敞开心胸，也许事情还会有转机呢！"在乔乔的劝说下，林丹意识到自己的确需要调整心态了，否则这样继续忧愁下去，把身体搞垮了，就更得不偿失了。

林丹安安静静地在家里等着处理结果，每天练练瑜伽，

偶尔还和好朋友一起相约逛街，她真正调整心态后，把这次的停职反省当成了一次假期，准备坦然接受一切后果。当然，每天清晨起床，她也不忘记暗示自己："我会没事的，我会没事的！"如此，她不但心态好转，对于未来也更加乐观。一周之后，单位来了通知让她恢复工作，只给了她一个记过的处分，林丹心中的石头这才彻底掉下来。

因为积极的心理暗示，使得林丹的潜意识里摆脱了失职事件带来的负面影响，因而才能放松心情，给自己喘息的空间。

情商高的人不管遇到怎样的情况，都能给自己积极的心理暗示，从而使自己拥有坚强的信念，度过人生中最艰难坎坷的时刻。假如一个人总是给自己消极的心理暗示，诸如"我不行""我一定会失败""我做不到"等，那么他就会与成功绝缘，彻底失去成功的可能性。朋友们，多发掘自己的潜意识，引导和建立积极的心理暗示吧。只要我们做到了这一点，我们的人生也一定会更加顺遂。

调整思路，转变视角看问题

在工作中我们会发现这样的现象：一个问题出现后，资历较深的员工苦思冥想，也未找到合适的解决之道，换个刚刚毕业的大学生，他的想法和做法往往能够起到奇效。其中的奥秘，就是人会不自觉地受到思维定势的干扰和束缚，限于经验主义的圈子里无法走出。

有些时候一种思维方式决定一件事情的走向及其最终的结果。在我们的日常思维中，由于经验主义、稳妥主义的束缚，人总是习惯或不自然地走入思维的定式中，以至于因循守旧，不肯尝试突破。成功者坚信，在处理事情的过程中，没有绝对解决不了的难题。有的人之所以陷入僵局，只是因为按部就班，没有创新思维。在这个世界上，从来没有绝对的失败，有时只需稍微调整一下思路，转变一下视角，失败就有可能向成功转化。

里美的名字在美国空军中赫赫有名，他是美国战略空军的缔造人之一。在第二次世界大战期间，里美奉命参加了太平洋战区对日本的作战。当时，身为指挥将军的他领导的是当时美国最先进的飞机——B-29高空轰炸机。这种飞机性能极为优越，当然，造价也是十分昂贵的。因此美国空军司令部要求里美及其士兵要像爱护眼睛一样爱护每一架飞机，并声言，每损失一架B-29，空军司令部都要做特别调查，严惩肇事者。

如此先进的高空轰炸机，应该在战场上唱主角，充当尖刀。但是效果却不尽如人意，正如有些飞行员不无讽刺地说："B-29可以击中任何地方，可就是击不中目标。"原因是飞机自身存在着一些严重的技术问题。里美看到了这一情况，陷入了深深的思考之中。在广泛听取了作战人员和一些专家的建议后，他果断地做出决定。他命令将飞机做出一些改动，从而减少了一些装备和人员，以便装载更多的弹药。他还做出了一个让内行大吃一惊的决定：命令飞机飞行高度不得超过7500英尺，把高空轰炸机变成了低空轰炸机。

此命令一出，里美面临着更大的压力。美国空军部长艾德诺在电话中甚至气愤地说："我们花了大笔经费制造出的高空轰炸机和先进的自卫系统将被你的一道命令毁于一旦，你这是拿飞行员的生命开玩笑，是违背命令。如果你一意孤行，我会考虑撤换你的职务。"

里美没有改变自己的决定，他要让事实来说话。

事实证明，里美是正确的，低空飞机能准确地炸到目标而不是其他任何地方。里美的战术获得了巨大的成功。

如今，更多的人懂得变换思维看待和解决问题，逆向思维的方式更是屡试不爽。但对于大多数人来说，特别是在压力下，他们还是习惯于常规思维，看不到别样的空间。这也就使很多实际可以解决的问题，被他们看成无法做到、难以解决的问题。

日本北海道冬季严寒，积雪的时期长达4个月。积雪对农作物而言，固然有防虫与防寒等好处，但积雪期太久的话，会影响农民播种的时间。

铲除积雪，得花大钱；等阳光来融雪，天公常又不作美。农民只好撒泥土来融解积雪，但泥土太重，融雪的效果也不好。所以，几十年来，积雪的问题一直困扰着北海道的农民。

有一天，一个老农夫试着把炉中的黑灰撒在积雪上，没想到，效果非常好，一举解决了数十年的难题。

黑灰不但较泥土易于搬动，而且热度高，融雪的效果数倍于泥土，再说移出黑灰，等于把火炉清扫干净，真是一举两得。

思路决定出路的口号喊了很多年，善于改变自己的思维，不按照常理去想问题，往往会取得非同一般的成效。善于变换思维方式的人，会从另外一个方面看待问题、判断问题，从而把不利变为有利。换一种思维方式，甚至是把问题倒过来看，不但能使你在做事情上找到峰回路转的契机，也能使你找到生活上的快乐。

放开思维，希望在转角

很多时候，我们按常理和习惯思考时，很难找到解决问题的突破点。不是思维受到了限制，就是不自觉地钻进了牛角尖。殊不知，只要你转化角度思考一下，就会发现解决问题的方法有很多。

有一个青年画家，他觉得自己的作品十分优秀，但销售量却很低。他为此换过画室的位置，也曾做过很多营销活动，但一幅画摆在画室，仍旧至少要几个月才能卖出去。

这天，他看到大画家阿道夫·门采尔的画很受欢迎，便登门求教。

他问门采尔："我画一幅画往往用不了一天，可为什么卖掉它却要等上整整一年？"

门采尔沉思了一下，对他说："你换个角度想一下，也许就会豁然开朗。"

青年人不解地问："换个角度？"门采尔说："对，如果你花一年的时间用心创作，那么，只要一天的时间肯定就能卖掉它。"

"一年才画一幅，这有多慢啊！"年轻人惊讶地叫出声来。

门采尔严肃地说："对！创作是艰巨的劳动，没有捷径可走的，试试吧，年轻人！"

青年画家接受了门采尔的忠告，回去以后，苦练基本功，深入搜集素材，周密构思，用了近一年的工夫画了一幅画，果然，它不到一天就卖掉了。

青年画家费尽心思地寻找提升画作销量的办法，尝试各种营销手段，在绞尽脑汁之后，才发现问题出在作品的质量上。没有令人欣赏的作品，再好的画室位置和销售策略，都无济于事。

美国一位著名的成功学专家曾说过：在认识事物和思考问题时，如果只有一个视角，这个视角是最容易把人引入歧途的。如果我们能换个角度看待它，就会发现事物不同的一面。

在人生的求索之路上，不仅需要信心、激情和坚韧，还需要清醒的头脑，需要理智地经营，多角度地看待问题。跌倒的时候，先别急着爬起来，不妨看看是什么绊住了自己。只有找到摔倒的缘由，才能不再重蹈覆辙，避免更大的失败。

每个人要想有更大的突破，在做事时，就要善于转换角度思考。有一个好的角度，就有了成功的一半；但若选择了一个坏的角度，你就得到了失败的全部。

每个人做事都希望自己能够放开思维，想出更多的解决问题的方法，站在最好的角度，把事情做得尽善尽美。思维的改变往往带来惊人的力量，灵光一闪想出的好方法是解决问题的必要工具。一个人不管处境如何，都要懂得积极思考的意义。在顺境中多思考，我们能保持清醒的头脑、稳健前进的脚步；在逆境中换个角度看待问题，在找到失败的症结的同时，更能发现新的机遇。

第05章

挖掘财商，情商高的人赚钱有一套

职场上，有人靠体力劳动勉强度日，有人靠知识过上小康生活，还有少部分人跳出了体力和脑力劳动的小圈圈，成为了思维劳动者。情商高的人财商也不会低，他们赚钱往往有一套，因为思维能力的差距决定了收入的差距。

稳扎稳打，一步一个脚印

所谓靠人人会跑，靠树树会倒。作为一个独立的个体，我们一定要学会赚钱，毕竟现实生活中没有钱是寸步难行的，因而每个人把赚钱当成是人生的第一个任务，也就无可厚非了。然而，赚钱并非是那么容易的，很多时候，理想很丰满，现实很骨感，我们在奔向理想的路上，常常摔得鼻青脸肿。尤其是年轻人想要自主创业，更是难上加难。为了尽可能地规避风险，也为了争取万无一失，年轻人在创业之前，一定要做好失败的准备。即便此时的你自信心爆棚，而且一鼓作气，勇往直前，这些却都无法保证你百分之百能够获得成功。要知道，对于大多数创业者而言，他们从来不缺少激情，而是缺少那份脚踏实地的精神，缺少坚定不移的信念，也缺少切实可行的经验。

在初次创业的时候，很多人都会陷入一个误区，即觉得只有把规模做到最大，才有可能实现盈利。其实不然，的确规模越大，一旦成功，利润也会随之增大。然而，万一失败，带来的损失也必然是不可估量的。真正保险的做法，就是在小规模的情况下，实现利润最大化。等到资金充足、经验丰富的时候，再逐渐扩大规模，从而做到稳扎稳打，一步一个脚印地发展。

也许有人会说，投入少产出也少。其实，降低风险也就意味着高收益，因为降低风险，无形中就扩大了利润。总而言之，女孩初次创业，一定不要盲目贪大。唯有一步一个脚印，才能最大限度发挥自身的能力，也使得自身更加从容不迫，人生也十拿九稳。

作为一个来自农村的女孩，彤彤一直想在广东站稳脚跟，赢得自己的一席之地。刚开始时，高中毕业的彤彤因为学历不高，也没有一技之长，只能在服装厂的流水线上工作。一天下来，她不但腰酸背痛，而且整个思维似乎都因为机械枯燥的工作变得僵硬了。一年多之后，彤彤小有积蓄，因而琢磨着想要自己做点小生意。几经考察，她发现自己手里省吃俭用才积攒下来的几万块钱，根本不够做什么的。为此，她虽然心怀远大的志向，却还是告诫自己要脚踏实地。最终，她受到之前同事家里孩子围着的三角巾的启发，意识到也许可以经营一家母婴专用的零碎物品店，说不定就能得到年轻妈妈们的青睐呢！

虽然一条三角巾只要几块钱，但是彤彤的店开起来之后，生意很快就火爆起来。原来，彤彤租不起一个店铺，便在繁华地段租了一个小小的门帘柜台，虽然总计只有三四平米的面积，但是生意却很火爆。每一个妈妈路过彤彤的小店，都舍不得挪开脚步。随着生意越来越好，彤彤的利润也越来越高。后来，她在同学的启发下还开了一家淘宝店，专门卖三角巾等婴幼儿用品。线上和线下的同步进展，使得彤彤的利润成倍增长。就这样，彤彤顺利借助婴幼儿的三角巾、口水巾等，挖掘到了创业的第一桶金。也由此，她认识到婴幼儿用品市场的巨大利润，居然回到家乡开了一家工厂，主要负责生产婴幼儿用品，诸如肚兜、口水巾、三角巾等。如今的彤彤，俨然成了一个真正大老板。

彤彤当然是个心怀梦想的女孩，也很想在广东这个大城市博得自己的一席之地。遗憾的是，她最初不但没有资金，也没有任何经验可言。为此，她不得不去服装厂打工，为自己积累原始的启动资金。这些钱都是彤彤省吃俭用积攒下来的，因而她丝毫舍不得浪费，精打细算，想要降低风险。为此，她大处着眼，小处着手，居然从不起眼的婴幼儿口水巾上开创了自己的一番天地。成倍增长的利润，使她意识到小生意也可以有大收益，因而她马上看准时机，不但在网络上打开销路，还回到家乡成立了加工厂，真正实现了一条龙服务。由此，彤彤掀开了人生的新篇章。

虽然每个人对于人生都有着急切的渴盼，但是一口并不能吃成胖子。任何人在发展的过程中，都必然要经历一个循序渐进的过程。从最初的起步，到渐渐拥有资金和经验，再到逐步发展，直到飞黄腾达，这期间短则几年，长则几十年，甚至有可能需要花费一生。因而作为年轻人，千万不要眼高手低，而要脚踏实地，一步一个脚印，这样才能走出属于自己的人生之路。

尤其需要注意的是，千万不要小看某些不起眼的事情。尽管很多情况下，高投入才有高产出，但是只要我们用独到的眼光另辟蹊径，低投入高收益的小本经营也并非不存在。尤其是在创业之初，因为经济紧张，经验优先，年轻人更应该瞪大眼睛，看准兔子再撒鹰。否则，一次失败就有可能使得我们元气大伤，得不偿失。既然可以避免，我们当然要竭尽所能地保证成功。年轻人，你找到创业的好思路了吗？

拥有好口才，更容易有赚钱的机会

现代社会，人际关系被提升到前所未有的高度，因而口才的好坏也变得至关重要。很多时候，一个人即便再有才华，但却像茶壶里煮饺子——倒不出来，那么他最终无法展现自己的才华，也便埋没了自己的才华。

不可否认，现代社会的每个人都是群体的人，都无法脱离他人而生存。在社会生活中，人与人之间的关系越来越密切，人际交往也越发频繁。不管是在生活中还是在工作中，人际交往都是必不可少的，唯有处理好人际关系，我们才能如鱼得水，游刃有余。而且，现代社会的各行各业中，交流变得非

常重要。有的时候，口才的好坏直接决定了我们的生活是否幸福，以及事业发展的高度。

现实生活中，有很多女性朋友都特别注重“面子工程”。她们不惜花费宝贵的时间，捯饬头发，化精致的妆容，也花费重金为自己购买昂贵的时装。然而她们却忽略了，外表上的完美尽管让人赏心悦目，但和谐融洽的语言交流更能给他人留下良好的印象。尤其是在竞争激烈的生意场上，巧舌如簧的人反而能够抓住他人的吸引力，从而为自己赚钱。不得不说，和木讷寡言的人相比，巧舌如簧的人更多了赚钱的资本。

老方来自河北农村，只有高中学历。刚到北京时，他非常胆怯害羞，甚至不知道如何介绍自己。因而，每次找工作面试，木讷寡言的他总是遭到拒绝，最终他不得不在一家保安公司里，当一名保安。和老方结伴来北京的还有他的一个老乡，也是他的同学——李若。和老方相比，李若无疑口才绝佳，简直能把死的说成活的。就在老方为找工作焦头烂额时，李若就凭着三寸不烂之舌进入了一家公司，当了白领。看到口才具有如此大的魔力，老方不由得惊讶万分，他渐渐意识到：我也应该提升自己的口才，让自己巧舌如簧。

在接下来的日子里，不管是在生活中，还是在工作中，老方总是有意识地锻炼自己的口才，甚至在小区门口遇到业主，也会和业主闲聊半天。渐渐地，小区里的业主都认识老方了。有个业主是一家房产公司的老板，居然主动邀请老方去他们公司工作。就这样，老方顺利完成了跳槽。不过，接下来的房产销售工作，显然使老方面临更大的挑战。原来，老方的新工作就是向客户介绍和推销房子，那么这必然要求他具备更好的表达能力，还要有超强的与人沟通能力，甚至还要有不露痕迹说服他人的能力。为此，老方始终毫不厌倦，更加持之以恒地锻炼自己的沟通能力。随着工作经验的增加，老方最终成为公司里的销售冠军。年终会上，老板亲手给他发了个大红包，还当着所有员工的面说："方思远，继续努力吧，我相信自己看对了你！"

在这个事例中，老方自身的条件其实是很平庸的，前期因为笨嘴拙舌，他甚至连一份像样的工作都找不到。幸好后来他从同学李若的身上得到启发，开始有意识地提升自己的语言表达能力，最终做到了能说会道，巧舌如簧，从而也使得自己的人生进入了新的阶段。

现代社会，不会说话的闷葫芦已经无法适应社会的需求了。他们就像是无声的留声机，尽管一直不停地转动，却失去了存在感，也无法让任何人对他们感兴趣。尤其是在信息大爆炸的今天，信息的传递不仅倚靠人们的口耳相传，还要依靠网络和媒体。有好口才的人，才能在社会中吃得开，也才能得到他人的认可和欣赏，从而最大限度地成就自己的人生。

看到这里，也许有些年轻人会很发愁：我原本就不喜欢说话，也不太会表达，这可怎么办呢？其实，在所有巧舌如簧

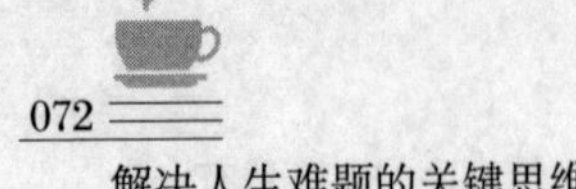

的人中，只有少部分人的良好表达能力是天生的，大多数人并非生而就能说会道，而是通过后天的不断努力，更抓住日常生活中的每一个机会积极锻炼，才能让自己的舌头变得越来越灵活，也才能让自己说出来的话更容易被他人接受。假如你想拥有更多的赚钱资本，不管是天生就有三寸不烂之舌，还是更希望用口才帮助自己赚钱，都从现在开始努力提升自己的表达能力吧！要相信，你的语言表达能力和你的赚钱能力，一定是成正比的。

顺势而为，抓住有利的商机

有很多人都抱怨生活中缺乏商机，却又时常眼睁睁地看着其他人抓住千载难逢的商机，或者把事业做得风生水起，或者赚得盆满钵满。这时他们不由得懊恼：要是我早一天发现这个商机，还能轮得上他发财吗？我的脑子是锈掉了么，为什么就不能先于别人发现新的商机呢？其实，商机转瞬即逝，一旦被少数人发现，又被多数人模仿，也就不能称之为机遇了。所以，要想创业成功，年轻人必须保持思维敏捷，心思活络，这样才能顺势而为，抓住千载难逢的好机遇。

其实，年轻人创业的确存在一定的局限，例如经验不足，资金匮乏等。但年轻人也可以发挥自己的长处，诸如缜密的思维、亲和力、沟通能力等，来帮助自己获得事业上的成功。

很久以前，有两家新开的餐馆，只有一墙之隔。因为地段几乎完全相同，餐馆的主人们全都在心里憋着劲，想要压倒对方。三个月之后，这两家餐馆中的东家奄奄一息，西家的生意却异常火爆，甚至饭点的时候都要等位。曾经吃过这两家餐馆的人感到很纳闷，因为这两家餐馆的厨师水平也相当，到底是什么使得它们的命运截然不同呢？

为了查明真相，小丁特意在几天的时间里接连去两家饭馆就餐。最终，他真的找到了答案。原来，这两家餐馆都是以羊肉为主的清真风格的饭店。小丁在东家就餐，点了一份清汤面，服务员问他："您要不要白切羊肉？"小丁摇摇头。因为没要白切羊肉，他这一餐的消费只有一碗清汤面的费用——十元钱。后来小丁又去西家用餐。正值饭点，西家的生意火爆，几乎每张餐桌都坐满了人。不过，服务员依然很热情。看到小丁进门，服务员赶紧迎上前来，递上菜单："先生，稍等片刻就会有空位，您可以先坐在这里看看菜单。"等到空位之后，小丁依然点了一份清汤面，但是服务员紧接着问："先生，您是要大份的白切羊肉还是小份的？"小丁几乎不假思索，就回答："小份。"就这样，小丁这一餐的消费是一碗清汤面和一小份白切羊肉，消费金额达到三十元。后来，因为西家的白切羊肉秘制的酱料非常鲜美，小丁又花了三十块打包了一大份白切羊肉，特意多要了一些蘸料，准备带回家孝敬父母。

在东家用餐时，服务员的一句“您要不要白切羊肉”，换来了小丁的摇头。在西家用餐时，服务员的一句“先生，您是要大份的白切羊肉还是小份的？”小丁不但堂食了小份的白切羊肉，还打包了大份的，最终消费金额达到六十元。这就是两家餐馆的生意截然相反的原因。显而易见，东家的服务员有些死脑筋，当然这也许是在接受培训的时候形成的惯性思维，因而我们也可以说东家的老板心思不够活泛。相反，西家的服务员则显得机灵多了，因为她们的提问方式得当，也或者说西家的老板把服务员都培训得很好，所以她们的询问间接刺激了顾客的消费，使得即便面对同一个客户，店里的销售额也能成倍增长。

看似一句简单的、漫不经心的话，就能给顾客造成截然不同的心理效果，因而不可小觑语言的作用。年轻人，假如你们也正处于创业阶段，或者只是作为一名打工者，都应该努力观察客人的需求，同时提升自己的情商，让自己的心思变得更加活泛。唯有如此，你们才能得到更多的商机，也才能赢得更多顾客的认可。

合理的资产配置可降低风险

“不要把鸡蛋放在同一个篮子里”，是投资者理财中的一句至理名言。它提示了投资者进行多元化投资和分散投资风险的重要性。在股票投资中亦是如此，每个参与炒股的二十几岁的年轻人，都要记住这一点炒股原则：股市有风险，配资需谨慎，千万不要把鸡蛋放在同一个篮子里。

我们都知道，股票风险是很难控制或预测的，迄今为止，世界上还没有一种只赚不亏的投资理论，只赚不赔的股票也是不存在的，但是通过分散投资确实能够起到防止“一荣俱荣，一损俱损”的状况。

所谓分散投资，就是将整体资金分散，将各部分资金投入到不同的领域、地域，让不同的投资产品之间相互弥补缺陷，以此保障整个投资组合的安全与优化。因此，如果是一个成熟的投资者，他绝对不会把鸡蛋放在同一个篮子里，而是会从资产配置的角度进行分散投资。

每一个参与股票投资的人都希望借助于理财工具——股票，实现财富的保值和增值，从而拥有更加美好的财富人生。但是不可否认的是，单一的投资某一只股票，都有着其不可避免的局限性。虽然股票是很多人钟爱的投资产品，但波动性大，风险高，既能把投资者带到财富的天堂，又能把投资者送至亏损的地狱。

举个例子来说，2000年初，全球网络、电讯、科技股发生有史以来最不可思议的大崩盘，很多上市公司的股价下跌超过95%以上，几乎就要下市了，即便是目前股价还不错的雅虎、

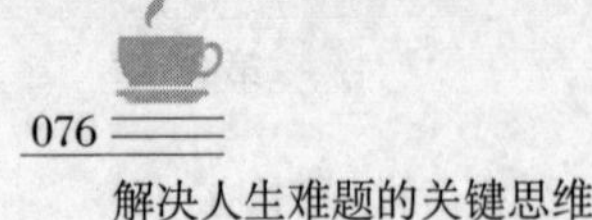

亚马逊都曾经跌到只剩下水饺价。大家试想，如果当初您把资金集中在网络、电讯、科技股的投资上，您承受得起那么巨大的损失吗?

可能一些年轻人会说，分散投资的道理我懂，就是这个也买一点，那个也买一点。我们发现，不少股票投资者，虽然资产不多，但分布之广泛，足以让人惊目，仔细地问他到底买过什么产品，他自己也答不清楚。

事实上，投资炒股中的分散投资，主要目的还是为了达成资金组合的平衡，也是为了减弱风险。对于不同产品的股票，在一定的周期内，出现的态势可能是不同的，并且往往会表现出很大的差异，比如，这一只股票正在下跌，而另外一只却在上涨，利用他们的差异性进行分散投资，能起到一定的平衡作用。

然而，对于一些个人投资者而言，由于资金的局限和专业性的不足，可以根据一定的原则来进行资产配置，就具体来说，这些原则有：

1. 根据自己的具体情况进行股票配资

年轻人不能因为投资股票而让自己的财务出现压力，因为股票配资，是投资于股市的，而股市的风险，我们是人所共知的，并且股票配资还放大了炒股资金的倍数，盈利的时候会放大盈利，亏损的时候又岂能幸免？所以，二十几岁的年轻人，千万不能把你所有的资金放到股市中，对于投资理财而言，可以把资金分配到其他一些风险较低的理财产品中。

另外，如果你现在自己创业，最好不要把事业的启动资金拿来炒股，以免因为股市的波动而影响自己的事业发展。

如果你是上班族，更不要把每个月的工资收入放到股市中，一定要给生活和其他支出以及另外的理财产品留出一些资金空间。

如果你是专业的炒股者，你要保留一点流动资金在股票配资的账户之外，以应对生活和股市的各种需要。

如果你资金宽裕，专家建议，除了投资股票以外，你还可以拓宽一些理财渠道，同时购买一些其他低风险的理财产品，来和股票配资相互配合辅佐，比如国债回购等不太需要操心又几乎零风险的品种，不会占用到操作股票的时间和精力。

2. 在时间上分散投资

对于有经验的股票投资者来说，会知道哪些股票收益高、安全，在锁定了想要投资的股票后，可以把资金分成多份，先在第一天投资一部分，过个10天之后，再投资第二份资金，然后再接着投第三份资金，就这样循环下去，这种在时间上分散投资的方法，有效降低了股票自身带来的风险从而避免了大量资金停在某只股票上的困境。

3. 把资金分散投资在不同产品上

把资金分散投资在不同理财产品上，股票看上去虽然收益高，但是很难避免风险。所以在投资时，可以把部分资金投资

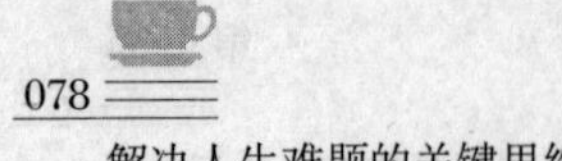

在股票上，还可以留一部分资金用来买货币基金，或者购买银行理财产品，这样即使某个投资不赚钱，那么还有其他几个投资能盈利，这样就会有效降低了投资风险。

另外，我们需要注意的是，分散投资是一个变化的过程，需要不断地进行调整，除了购买不同股票这一点上需要调整外，股票与其他投资的配比也要调整，这一点必须与经济周期、投资特点密切地结合。比如在经济刚刚步入低谷之时，股票、房地产就是具有较大潜力的投资工具；而在经济的繁荣期，债券投资将有巨大的投资魅力。在进行资产配置时，需要定期地重新对自己的资产分布情况进行审视，并适当地做出应时的调整。

人生应该有部分固定存款

现代社会人们经常提到“月光族”这个词，毋庸置疑，月光族是不可能有存款的，他们不从未来的薪水预支就不错了。那么，在几十年前，我们的父母那一代人，总是勒紧裤腰带节省开支，只为了存钱，这真的是对的吗？几十年前的社会，还不像现在这样经济发达，因而大部分吃公家饭的人，薪水都很低。有的时候，一个人工作，甚至要养活全家好几口人。在这种情况下，积攒的每一分钱，都是从牙缝里省下来的。这种观念，和几十年后的月光族，形成鲜明的对比。

当然，月光族往往是高知识层次和高能力的人群，他们通常薪水很高，有着足够的自信，相信这个月的薪水花完了，还会有下个月的薪水如期到来。因而，他们在月光甚至是超前消费的同时，并没有强烈的危机感，反而觉得很安心。那么，现代社会存钱到底重要不重要呢？前文已经说过，将适当存款作为应急基金，对于任何时代任何人而言，都是完全有必要的。不过，过度俭省和存款，以至于影响生活质量和人生的发展，则是不应该的。总而言之，任何事情都过犹不及。我们必须做好人生规划，再以存款作为辅助，才能使自己的人生更加顺遂如意。

顾名思义，存款就是把多余的钱保存下来，聚少成多，从而成为人生的资本。诸如很多年轻人很想自主创业，却因为没有启动资金，而最终搁置计划。那么这种情况下，如果有一定的存款，问题就能迎刃而解。对于中年人而言，存款既可以是孩子的教育准备金，也可以是老人的生活保障。此外，存款对于我们个人生活的规划也有很大的约束作用。如果你曾经是个月光族，现在却有了存款的计划，那么你自然而然就会合理规划消费，杜绝消费的盲目性。如今，各种各样的理财产品层出不穷，我们的存款还可以成为会下金蛋的鸡，帮助我们用钱生钱。这样一来，一边挣钱，一边以钱生钱，生活是不是就突然间提升了一个档次？总而言之，挣钱很难，我们要让每一分钱都物尽其用，都花在钢刃上，这样才能最大限度地发挥金钱的力量，使其为我们改善生活质量提供无限的可能性。

自从大学毕业以来，张坤一直是个月光族。他的父母都是退休的职工，养老金虽然不多，但是也足够他们使用。因而，张坤从领取第一个月工资开始，就没有存钱的计划。他不停地换手机，买名牌衣服，还租住了一套一室一厅。如此一来，虽然他的工资很高，每个月却都没有结余。

在单位组织的一次体检中，张坤的爸爸突然被查出患了肝癌，还是早期，可以治疗。得知这个消息之后，张坤简直觉得如同晴天霹雳。面对即将手术的爸爸，他很想拿出几万块钱贴补家用，但是他只有花剩的几千元工资，还要等着交房租。当张坤羞愧地对妈妈说出自己的拮据时，妈妈安慰他："没关系，妈妈有积蓄，你爸爸的单位也能报销一部分。"就这样，妈妈东拼西凑，才凑足了爸爸的治疗费用。看着身体一下子衰弱下来的爸爸，张坤突然产生了一个想法：买房，把父母接到身边，这样照顾起来也方便。有了这个想法之后，张坤一改往日的挥霍，开始努力积攒。两年过去了，在拿到年终奖之后，张坤终于攒够了首付，马上选中楼盘，为父母付了首付，按揭买了一套房子。现在，张坤每天下班之后都可以回家和父母一起住，让父母享受天伦之乐。

百善孝为先，虽然张坤之前是个月光族，但是爸爸突然患病，给他敲响了警钟，让他深刻理解父母在，不远游的道理。为了侍奉在父母膝下，更好地照顾父母，他萌生了买房的心思，最终通过自己的辛苦积攒，付了首付，把父母接到了身边。这对于只有张坤这个独子的父母而言，无疑是最大的安慰。

人生充满了无常、各种意外和灾祸，随时随地都有可能发生。不管我们每个月能挣到多少钱，也不管我们对未来有着多么美好的憧憬，我们都应该学会规划人生，为自己的人生储备一笔资金。就算不是为了孝顺父母，对于自己的事业发展，储备资金也能够有备无患。如果现在突然有一个很好的创业机会摆在你的面前，但是你却因为没有资金而无法启动，那么岂不是很遗憾么！从现在开始，就让我们未雨绸缪，提前做好人生规划，也提前为人生的腾飞做好准备吧！

第06章

积攒人脉，情商高的人处处受欢迎

其实不管做什么事情，如果想要获得更好的发展，那么个人能力价值的提升和人脉资源的积累都是非常重要的。打造人脉，不妨先提高情商，让自己成为优秀的人，拥有足够的资源，那人脉就自然来了。

人脉是通往成功的入门票

李嘉诚构筑的庞大商业帝国里，有一个不容忽视的人物——庄明月，她既是李嘉诚的妻子，也是其表妹。当时，庄明月的家族在香港是典型的富豪阶层，而李嘉诚年轻时落魄坎坷，父亲早逝，15岁便辍学做工。可以说，迎娶表妹庄明月，成为李嘉诚人生最重要的转折，同时也为其搭建了重要的人脉基底。后来，在庄明月父母的支持下，李嘉诚事业慢慢起步，长江塑胶厂也属于庄明月家族，在庄家的财力支持下，他很快脱颖而出成为世界上最大的塑胶花制造商。

因为作为投资大师的李嘉诚明白，财富不是一生的朋友，但朋友绝对是一生的财富。正如爱因斯坦所说："世间最美好的东西，莫过于有几个头脑和心地都很正直的朋友。"美国人际关系大师卡耐基说："一个人的成功，专业知识的作用占15%，而其余的85%则取决于人际关系。"人际关系也就是我们经常说的人脉，它是一个人通往财富、成功的入门票。

有人总结说："对于一个人来说，二十岁到三十岁，他靠专业、体力赚钱；三十岁到四十岁，则靠朋友、关系赚钱；四十岁到五十岁，靠钱赚钱。"在一个人的成就里，人脉始终占据着重要的成分。“一个人是否能成功，并不在于你知道什么，而在于你认识谁。”在好莱坞流行这样一句话，而巴菲特始终相信这样一句话。

1. 创建属于自己的人脉

有人说：“判断一个人的魅力，只要看看他朋友的多少；判断一个人的能力，只要看他人气的盛衰。”当然，创建人脉资源并不容易，因为获得他人一时的好感很容易，但要永久地获得他人的支持却很难。一个人的人脉取决于其品味、人格等等，而把握人脉的关键不在方法，不在手段，而在内心。股神巴菲特在任何时候都以诚待人，这是他能广布人脉的诀窍。所以，在日常生活中，要有意识地建立自己的人脉关系，这样，你未来的道路才会走得更加顺畅。

2. 人情账不宜透支

对于人情储蓄来说，宜储存却不宜透支。尽量把人情用在刀刃上，你应该查看自己人情账户上，你与对方的交情究竟有多少，人情有多重，掂量事情的份量，再决定要不要找对方帮忙，千万不能没有轻重缓急。

李嘉诚觉得，在任何年代，人脉的重要性都不可小觑，现代社会，人脉日益重要，正所谓“朋友多了路好走”。所以，在日常交际中，多交朋友，为自己广布人脉，因为这是你成功的开始。

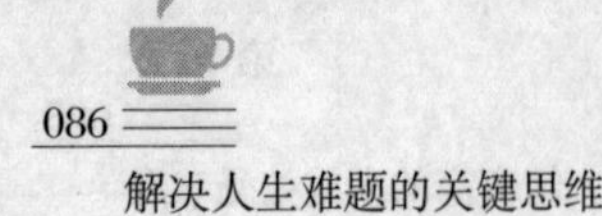

情商高的人更受欢迎

西方有句话，叫做“智商决定录用，情商决定提升。”随着社会的发展，人们对于情商的重视程度越来越高。在哈佛大学图书馆的墙上，有这样一条校训：“幸福或许不排名次，但成功必排名次。”情商为人们开辟了一条事业成功的新途径，它使人们摆脱了过去只讲智商所造成的无可奈何的宿命论态度。

丹尼尔·戈尔曼说：“一个人如果不具备情感能力，缺乏自我意识，不能处理悲伤情绪，没有同理心，不知道怎样跟人和谐相处，即使再聪明，也不会有大的发展。”

英国《泰晤士报》：“情商是开启心智的钥匙、激发潜能的要诀，它像一面魔镜，令你时刻反省自己、调整自己、激励自己，是获得成功的力量来源。”

关于情商，中国创新工厂创始人李开复也说，要善于与人交流，富有自觉心和同理心。自觉心就是中国人常说的“有自知之明”，对自己的素质、潜能、特长、缺陷、经验等有一个清醒的认识，对自己在社会工作生活中可能扮演的角色有一个明确的定位。而同理心，就是将心比心。

对此我们不妨先来看下面一个生活故事：

张阿姨身体一直不好，有心脏病，还经常失眠，而最近，隔壁好像在装修，经常大清早的就来了，夜间失眠的张阿姨好不容易睡着，又被吵醒了。为此，张阿姨的儿子很生气，要去对面理论一番。

谁知道，第二天早上大清早，对面的邻居就敲开了张阿姨家的门，张阿姨从厨房走出来，这位邻居急忙上前做了一个作揖的姿势："大妈，我今天来，是想说声对不起，我今天才知道您心脏不好，昨天打扰到您了。不过您放心，我给民工定了规矩，早上8点半到中午11点半，下午2点半，晚上最晚到6点半，如果违反我就扣他们的工钱。这是我的名片，他们如果做得不好您就给我打电话。"

装修从第二天开始，这些民工果然很守规矩，而且很会办事，用电钻、电锤等时就过来告诉张阿姨一声，让老太太有个思想准备。以往楼里一家装修全楼倒霉，不仅是噪声，楼里楼外又脏又乱。而这家的装修工人却把废料装在编制袋里，整齐地码放在楼角处。每天都有专人打扫楼道。由于有严格的工作时间，两居室足足装修了两个多月，时间确实长了点，可没招来邻居一句抱怨。

为此，张阿姨对儿子说："多为人家想想，就没什么可生气的。"

的确，替别人着想是一种美德，是解决问题的首要途径。换个角度来讲，替别人着想，就等于释放了自己，改善了自己的心境，使自己不容易生气。当我们发自内心地替别人着想时，同时自己心里的烦恼也能得到解脱和排遣。

我们要想摆脱不良的心境，就必须时常为别人着想，这是一种最有效的心理良药。所以，当工作中遇到不顺心的事，在还没有了解事情原委之前，要好好想一想，为了不使自己陷入烦恼中或是给他人带来不悦，你不妨先为对方试想一下，为对方找个能得到自己体谅的理由。当我们陷入不良的情绪之中时，不妨先找几个可以让自己平稳心情的理由说服自己，然后再多从别人的角度思考问题，这样你的心情一定会好很多，做起事来也就更轻松了，不觉得吃力了。

可见，一个人的人际关系如何是其情商高低的最直接显现，反过来，情商高低也直接决定了一个人的人际关系好坏。

那么，日常生活中，我们该如何与人打交道呢？

1. 学会倾听

倾听不仅是一种心理策略，也是一种能力。戴尔·卡耐基认为，在沟通的各项能力中，最重要的莫过于倾听的能力。滔滔不绝的雄辩能力、察言观色的洞察力以及善长写作的才能都比不上倾听能力重要。

说话是一种权利，但倾听也是一种义务。美国的心理学家调查发现，一些职场高层的平均时间分配是：9%的时间在“写”，16%的时间在“读”，30%的时间在“说”，45%的时间在“听”。可见，倾听意识的重要。

人际交往的目的在于沟通，以此获得对方好感。而只有用心倾听，我们才能获得说话者所要表达的完整信息，也才能让说话者感受到我们的理解与尊重。用倾听向对方表达："我明白你的意思，我很理解你。"当我们与交际对方达成一种心理共识的时候，我们的交际目的也就达到了。

2. 多微笑甚至大笑

不管是在与什么样的人交往，微笑都是一种力量，它有一种赢得对方欢心的魅力，可以让你产生无穷的亲和力。

其实，微笑本身和个性的内向与外向无关，只要肯去训练，任何人都能拥有迷人的微笑。

请展现你的微笑吧，当对方看到你真诚、愉快的笑脸时，他们就会体验到一种友好、融洽、和谐的欢乐气氛，并因此而深受感染、乐在其中！

3. 具备同理心，学会站在他人立场思考问题

在人际交往过程中，能够体会他人的情绪和想法，理解他人的立场和感受，并站在他人的角度思考和处理问题的能力，这就是我们通常说的同理心。简单地说，同理心就是站在对方的立场思考。事情发生后，把自己当成是别人，想象自己因为什么心理以致有这种行为，从而触发这个事件，如果自己是别人，自己会怎样，正所谓"己所不欲勿施于人"。对于同理心，你需要了解以下几点：

我怎么对待别人，别人就怎么对待我。

想他人理解我，就要首先理解他人；将心比心，才会被人理解。

别人眼中的自己，才是真正存在的自己。学会以别人的角度看问题，并据此改进自己在他们眼中的形象。

只能修正自己，不能修正别人。想成功地与人相处，让别人尊重自己的想法，惟有先改变自己。

真诚坦白的人，才是值得信任的人。

真情流露的人，才能得到真情回报。

学会沟通，三言两语打动人心

常言道，会说说得人笑，不会说说得人跳。尽管这句话听起来有些夸张，但是其实很有道理。语言就是拥有这样独特的魅力，同样一句话由不同的人以不同的语气、语调说出来，或者是同一个内容换不同的方式表达，效果都会相差迥异，或者是截然不同。由此可见，把一句话说好听起来无关紧要，实际上却能起到至关重要的作用。

通常情况下，人与人之间的交流需要依靠语言。从这个角度来说，要想搞好人际关系，拥有良好人脉，首先学会沟通是必须的。情商低的人往往一说话就让人火冒三丈，或者是根本找不到合适的话题与人进行交流。诸如天气挺好、吃饭了吗、最近怎么样等话题，都是使人感到索然无味的话题，当我们从一个人嘴里听到这些无关痛痒的话题，基本可以判断对方是个情商很低的人。与此恰恰相反，高情商的人则不会说这些无聊的话，而是从对方感兴趣的地方着手，或者赞美对方的发型、服饰，或者夸奖对方的妆容精致，在有了初步了解之后，还会针对对方的兴趣爱好展开交流，从而引起对方的谈兴，使得交流更加顺利。总而言之，情商高的人说出去的话让人心里觉得很舒服，也能够赢得他人的好感，从而为自己良好的人际交往奠定基础。

作为一名化妆品推销员，琳达的销售业绩在公司里始终名列前茅。为此，大家全都很佩服琳达，也纳闷琳达究竟有何特别的地方，能够做得这么优秀。

后来，公司里来了一批实习生，琳达也成为了师傅，带着一个刚刚大学毕业的小女孩当徒弟。经过一段时间的观察，聪明的小女孩发现了琳达最大的优点，原来琳达特别善于交流，总是能够在刚刚开口说话时，就把话说到顾客的心里去，让顾客心花怒放。

例如，这天上午柜台上来了一个中年女性顾客，琳达赶紧迎上前去，问："您好，女士，有什么可以帮您的吗？"顾客有些不太好意思地指了指自己的脸部，说："你看，这么多斑，有没有祛斑美白的呀？"琳达马上拿出两套美白祛斑的产品，开始向顾客介绍。交流中，当得知顾客已经52岁时，琳达惊讶地说："真看不出来，您居然52岁了，我还以为您也就四十来岁呢！您的皮肤非常细腻，也许是因为生理原因导致长斑的。如果能够把斑去掉，您看起来也就四十岁。您看看，您的身材这么好，很多年轻人都没有您这个好身材呢！”在琳达的一番话下，顾客眉开眼笑，很快就购买了两套祛斑产品，喜滋滋地走了。

琳达简单几句话，就把原本因为脸上长斑烦恼不已的客户逗笑了。心情好了，一切自然都好，琳达的推销工作也获得了水到渠成的成功。所以说，我们一定要学会与人沟通，更要学会把话说到他人心里去，要让他人感受到发自内心的高兴。

人与人之间一切的难题，说白了就是沟通的问题。只要沟通得法、到位，很多使人困扰和纠结的问题，很快就能够得到圆满解决。把话说好，说起来容易，做起来难。我们必须认真体察他人心理，也要讲究礼貌，更要学会打动人心，才能成为人际交往的高手。尤其是在与不同身份的人打交道时，更要根据对方的身份、年龄、脾气秉性等不同特点，有的放矢，才能事半功倍。

低调处事，给他人留足面子

众所周知，大多数人都很喜欢攀比，尤其是与熟悉的人之间，他们更愿意表现出自己得意的一面，从而艳压群芳。殊不知，没有人想被别人比下去，真正高情商的人知道一个道理，即与人相处时一定要给他人留足面子，才能让人际交往更加和谐融洽，也才能建立良好的人脉关系。与此恰恰相反，低情商的人则不然，他们总是愿意表现出自己优越的一面，自以为得到了他人的羡慕，殊不知为此无形中得罪了很多人，也使得自己的人际关系恶化，可谓得不偿失。

《易经》记载，“君子藏器于身，待时而动”。这句话的意思是说，君子会把利器藏在身上，等到合适的时机才展示出来。低情商的人恰恰缺少这种低调处事的智慧，就像有些人突然从波谷到达波峰一样，简直不知道如何自处。殊不知，锋芒毕露根本不是好事情，一个高调的人就像头上长出了两只角，日久天长必然会伤害他人，也因此伤害自己。高情商的人会把自己当成鹅卵石，在岁月的历练中更显得光滑圆润。他们的低调使他们免遭伤害，也因而让他们有更多的时机提升自我，蓄势而发。

十几年来，小米家一直经济困难，甚至养育两个孩子都很困难。好不容易在家中哥嫂的帮助下，供养两个孩子读完大学，小米才算终于松了口气。出乎小米的预料，大女儿很有出息，不但在上海找到了一份好工作，成为拿高薪的白领，还把弟弟也接去上海，给弟弟也找了一份工作。这样一来，小米每次和哥嫂都骄傲地说起自己的两个孩子都在上海站稳了脚跟。

后来，大女儿在上海找到了人生另一半，成家立业，结婚生子，有了房子也有了车子。小米夫妇被女儿女婿接到上海，

带孩子。几年过去了，女儿女婿把小米夫妇的户口也迁到上海，小米真是做梦也没想到自己能够成为真真正正的上海人。每次给哥嫂打电话，她都说大城市多么多么好，引得嫂子不停地羡慕。时间久了，嫂子渐渐地对小米越来越冷淡，甚至非到不得已，不再愿意与小米往来。小米很纳闷，不知道自己哪里得罪了嫂子，女儿苦口婆心地说："妈妈，以后再和大娘打电话，不要说咱们多么多么好。咱家以前那么穷，都要大娘大伯帮衬，如今他们在老家，你和爸爸都到了上海安家落户，他们一定会心理不平衡的。"女儿的一席话点醒了小米，她委屈地说："就是因为咱家以前那么穷，我才想告诉他们咱们现在过得很好啊！"女儿笑着说："过得好不好，自己知道就行，没有必要让别人也知道啊！"妈妈点点头，再也不向嫂子显摆大城市里完全不同的生活了。

在这个事例中，小米也许是因为这么多年来终于扬眉吐气了，所以总是情不自禁地显摆自己一家人在上海大都市的生活，然而她并不知道，曾经高高在上帮助他们一家的嫂子，听到这些心里并不是滋味。毕竟，每个人都想生活得比别人好，尤其是当看到那些曾经生活得不如自己的人，如今却把自己远远甩下的时候，嫂子心里别扭也是正常的。为了保护这么多年两家之间的深厚情谊，小米最好的做法就是低调做人，低调处事，这样才能保护嫂子脆弱的自尊心不受伤害。

现实生活中，每当遇到那些夸夸其谈的人，我们也许刚开始还能耐心地听一听，但是时间久了，未免会心生厌倦。归根结底，每个人都有自己的生活，除了为了炫耀之外，我们想不出还有什么理由会让一个人毫无保留地展示自己的生活。举例而言，那些知名度不高的小明星总是害怕自己走在大街上不被认出来，那些真正有名的大明星却把自己捂得严严实实，因为他们真的想全心全意地享受自己的生活，不想被打扰。这就是一个人内心是空虚还是充实的表现，这是完全截然不同的。当我们足够自信，当我们对自己的生活非常满意，我们会更多地关注自身，而不会为了得到虚荣心的满足，就显摆自己的人生。你学会隐藏自己光鲜亮丽的一面了吗？

适时示弱，把优越感给他人

人只有一直往前走，才能把影子甩在身后——何东霖，中国硬笔书法协会高级会员。

生活中，人与人交往，难免会有产生意见不合的时候，彼此都会产生一种防范心理，此时，我们若不希望彼此之间产生心理隔阂而影响彼此关系，就不要针尖对麦芒地与之争辩。毕竟没有人喜欢咄咄逼人的人。如果你在人际交往中凡事都要与人针锋相对，那么，在长时间的矛盾累积中，对方只会离你而去。这时，你很可能会产生疑问，观点不一或者出现矛盾时该

怎么做呢？对此，高情商者一定会为你支出一招：示弱。清代以才智过人著称的纪晓岚，曾经就采用这一方法绕开了乾隆皇帝给他出的难题。

有一次，乾隆皇帝闲来无事，想测试一下纪晓岚到底有多聪明。

于是，他将纪晓岚传进宫，然后对他说："纪晓岚！"

"臣在！"

"我问你：何为忠孝？"

纪晓岚说："君叫臣死，臣不得不死，为忠；父叫子亡，子不得不亡，为孝。合起来，就叫忠孝。"

"好！朕赐你一死。"纪晓岚一听，不知乾隆皇帝为什么会这么说，但他猜想，皇帝肯定是在开他玩笑，但君无戏言，也不能不遵命，于是，他只好谢主龙恩，三拜九叩，然后走了。

乾隆皇帝也傻了，这一个玩笑，不会真的要了纪晓岚的命吧？回来的话，就是欺君之罪，是死；不回来，也是一死，这么一个聪明的纪晓岚，死了该多可惜。他想，我倒是要看看，你今天怎么逃脱？

半柱香的时间过后，纪晓岚气喘吁吁、面带悲色地跑了进来，扑通一下就跪在了乾隆皇帝的面前。

看到此情此景，乾隆皇帝故作生气地说："大胆，好个纪晓岚！朕不是赐你一死吗？你为什么又回来了？"

纪晓岚说：“皇上，微臣原本真的打算去死，当真当我准备跳河时，屈原居然从河里跳出来了，他很生气地告诉我，纪晓岚，枉你还是个读书人，怎么这么糊涂，想当年我投汨罗江自杀的时候，是因为楚怀王昏庸无道；想当今皇上皇恩浩荡，贤明豁达，你怎么能死呢！我一听，就回来了。”

最后，乾隆皇帝不得不解嘲地说：“好一个纪晓岚，你是真能言善辩啊。”

即使乾隆皇帝知道纪晓岚说的是恭维话，可是他仍然按照纪晓岚的话在心中给自己定位了：一个贤明的君主。纪晓岚看似愚钝，执行了乾隆皇帝的“赐死”，但他却利用了每个人爱听恭维话的特点，为自己解了围。

很多时候，针锋相对只会加剧对方的反感和排斥的心理，其实此时，只要我们能主动服软，就能化解争端。示弱是一种把优越感让给他人的表现。那么，我们该如何把优越感让给他人呢？

1. 放低身份，表现自己的良好修养

这一点，在与比自己身份低的人说话时尤为重要。偶尔说一说“我不明白”“我不太清楚”“我没有理解您的意思”“请再说一遍”之类的语言，会使对方觉得你富有人情味，没有架子。相反，趾高气扬，高谈阔论，锋芒毕露，咄咄逼人，容易挫伤别人的自尊心，引起他人反感，以致他筑起防范的城墙，从而导致自己的被动。

2. 不要卖弄你的口才

即使遇到意见不合的问题，也不可高声辩论，不要当面指责，更不要冷嘲热讽，甚至恶语伤人。而应语气委婉，各抒己见，尽量说服对方或求同存异。

3. 注意你的声音的分贝

与人交谈时，不要认为高声谈笑就是真实自然的表现，声音分贝过大，不仅会影响到别人，让别人觉得刺耳，还是一种无礼的表现，因此，说话时应轻声轻语，声音大小以对方听清为宜。

4. 不要打断别人的谈话

别人讲话时，话题突然被打断，会让对方产生不满或怀疑的心理。认为你不识时务，水平低，见识浅；认为你讨厌、反感这类话题；认为你不尊重人，没有修养。

5. 说话时态度不妨诚恳一些

每个人都有心理戒备，尤其在没有确定对方的友善之前，这时候如果你太过高调，往往堵住了和别人建立平等互信的关系的大门。因此，你说话不妨诚恳一些，口气缓和些，语调温柔些，不要引起别人心里的抵触和对抗，这样才能引起别人的欣赏和喜欢。

6. 承认对方的能力

一位成功人士说："为他人叫好，并不代表自己就是弱者。为对手叫好，非但不会损伤自尊心，相反还会收获友谊与合作。”同时，这也是一种心理策略，任何人都爱听赞美与肯定的话，我们承认对方的能力，有利于消除对手的戒备心，甚至有利于我们从对手那里获得经验教训从而提高自己，在不断提升和完善自我之后，我们赢得对手就势在必然。

7. 重视对方说的每一句话

那些说话妄自尊大，小看别人的人总会引起别人的反感，最终在交往中使自己走到孤立无援的地步。与人沟通，目的在于交流意见、达成共识，只有重视对方说的每一句话，才能同样赢得尊重。

8. 懂得倾听，并适时反馈

沟通的过程，并不完全是说的过程。我们有说的权利，但每个人都希望被倾听，这是一种自我价值的认定，而我们的反馈则是倾听的最好证明。因此，只有满足对方说的欲望，才会让人对你产生亲近的愿望。

当然，表达尊重、语言谦和也要把握好度的问题，说话只是表达思想，说明事情，没有必要靠语言来乞讨怜悯或掠取威严。你不必要唯恐别人不高兴，极力表现出毕恭毕敬的样子，唯唯诺诺、点头哈腰，堆砌一大套客套话，其实这只会被人瞧不起；而盛气凌人、出口伤人，摆出一副傲慢的姿态，这会令人敬而远之，或觉得这人不知天高地厚，浅薄之极。正确的方法是不卑不亢、客气大方、讲究实在、有理有节。

第 07 章

职场情商，情商高的人做事灵活老练

情商，很大程度上决定了我们可以在职场上走多远。对于工作成就而言，情商的影响是智商的两倍，而且职位越高，情商对工作的影响就越大。高情商的人在职场总保持谦虚，在自信与谦虚中保持一种平衡，在不显山不露水中默默升职加薪。

保持热情，享受工作的乐趣

在很多的年轻人眼里，可能找到一份满意的工作都是他们的愿望，然而，什么样的工作才是令我们满意的呢？高薪水？有好的福利待遇？诚然，这是评定一份工作好差的重要标准，但如果你只为薪水而工作，你的生活将因此而陷入平庸之中。你找不到人生中真正的成就感。工作的目的虽然是为了获得报酬，但工作能给你带来的远比工资要多得多。因此，我们可以说，一个人选择什么样的工作以及对待工作的态度，都体现出他的情商高低。

相信现实生活中，我们每个人都怀揣梦想，希望可以大展拳脚，但现实的状况可能是，面对我们每天都必须做的重复的工作，有些人已经失去热情，甚至开始抱怨，却拒绝作出改变。如果你问他们，为什么不干脆辞职或者要求调任或者做点什么来改变这种局面的话，他们总是有各种各样的借口：我还要还贷款；我的家人不允许我这么做；我对这份工作已经习惯了；也许没有更好的地方了；我的工资很高，我舍不得放弃这份高薪工作；我没有其他方面的技能；我只会做这个，等等。而这些，都是对工作不热爱的表现，以这样的状态，你会发现，工作是枯燥的，工作效率也是低下的。事实上，无论你从事哪行，热情都是你成功的动力。蒂夫·鲍尔默说：“我想让所有的人和我一起分享我对我们的产品与服务的激情，我想让所有的员工分享我对微软的激情。”卡耐基说：“除非喜欢自己所做的工作，否则永远无法成功。”

因此，如果你认为自己对工作提不起兴趣，觉得工作毫无意义，那么，你首先要做的就是改变你的工作态度。

然而，我们不难发现，也有一些人，在工作中，他们总是抱着这样的态度：要么喜欢耍小聪明，要么上班迟到、早退；要么假公济私，借着公差游山玩水，要么中饱私囊。这些人自以为得计，但他们的损失将远远大于他们的所得。这种人，也许会得逞一时，但终将失败一世，永远与成功无缘。

小李高考落榜后，就开始在一家汽车修理厂工作，从他工作的第一天开始，他就对自己的工作充满了不满，他时常抱怨：“修理这活太脏了，瞧瞧我身上弄的”“真累呀，我简直要讨厌死这份工作了”“要不是考试中出了点失误，我现在都是名牌大学的学生了。做修理这活太丢人了”！

每天，小李都在煎熬和痛苦中过日子，但他又害怕失去手上这份工作，于是，只要师父不在，他就耍滑偷懒，应付手中的工作。

几年过去了，与小李一同进厂的三个工友，各自凭着自己的手艺，或另谋高就，或被公司送进大学进修了，独有小李，

仍旧在抱怨声中，做他蔑视的修理工。

可见，无论你正在从事什么样的工作，要想获得成功，都要对自己的工作充满热爱。如果你也像小李那样鄙视、厌恶自己的工作，对它投注冷淡的目光，那么，即使你正从事最不平凡的工作，你也不会有所成就。

为了培养你对工作的热情，你需要做到以下几点：

首先，在择业之前，你应该考虑自己的兴趣。如果工作在某些方面真的令你缺乏兴趣，我并不是说一定要强迫你每天在工作的时候保持微笑，一般情况下，如果你真的不喜欢自己所做的事情，对它缺少积极性，那么这是不值得的，不管你得到的薪水有多高，不管你的职业生涯攀上了多少高峰，都是不值得的。

如果你并不了解自己的兴趣所在，你怎样才能挖掘出它们呢？有很多方法可以做到这一点。例如，在你目前的工作中，你最喜欢它的哪些方面？是和他人共处，还是不和他人共处？是智力挑战，还是解决问题或者某个问题在某一天结束的时候有了具体答案的满足感？

倘若你已经有一份不错的工作，那么，不妨尝试着热爱它。

其实，并不是所有工作都是那么妙趣横生的，甚至绝大部分工作都会因为工作环境的一成不变而变得枯燥乏味。许多在大公司工作的员工，他们拥有渊博的知识，受过专业的训练，有一份令人羡慕的工作，拿一份不菲的薪水，但是他们中的很多人对工作并不热爱，视工作如紧箍咒，仅仅是为了生存而不得不出来工作。他们精神紧张、未老先衰，工作对他们来说毫无乐趣可言。

可见，一件工作有趣与否，取决于你的看法，对于工作，我们可以做好，也可以做坏，可以高高兴兴和骄傲地做，也可以愁眉苦脸和厌恶地做。如何去做，这完全在于我们。所以只要你在工作，何不让自己充满活力与热情呢?

因此，无论你现在从事什么样的工作，你都应该学会热爱它，即使这份工作你不太喜欢，也要尽一切能力去转变，并凭借这种热爱去发掘内心蕴藏着的活力、热情和巨大的创造力。事实上，你对自己的工作越热爱，决心越大，工作效率就越高。

当你抱有这样的热情时，上班就不再是一件苦差事，工作就变成了一种乐趣，就会有许多人愿意聘请你来做你更热爱的事。如果你对工作充满了热爱，你就会从中获得巨大的快乐。

设想你每天工作的八小时，就等于在快乐地游泳，这是一件十分惬意的事情!

另外，从工作中寻找成就感也会让你爱上它，比如，如果你是教师，你可以通过观察每个学生在学习上的进步、心智的成长来获得乐趣；如果你是个医生，你可以从帮助病人排除病痛为快乐。另外，你还应该认识到，在每一份工作中，我们都

学到了不同的知识。

总之，你要记住，重要的并不是你付出了多少，而是你怎样为之付出。你可以在工作中抱有激情和热心的态度，尽自己最大的能力去做，不管会得到多少，始终抱有这种良好的心态来享受工作带来的乐趣！

适度做一些“分外事”，赢得人心

工作中，你是否曾遇到过这样的情况：上班时间，突然来了一个老板的快递但老板不在，签还是不签？同事有紧急事情，让你帮他请个假，你帮还是不帮？看到会议室的材料掉在地上，你是捡还是不捡？诸如此类的分外事随时都有可能发生，你是做还是不做？

可能很多“精明”的人会说：当然不做，既然是分外事，何必多此一举？但事实上，这并不是真正聪明的人的选择，你可能也发现了，那些真正得到老板赏识的，都是对工作始终充满着春天般的热情的人，他们通常都会顺手给同事帮个忙，或者替老板解决一些工作之外的问题。还有一些现象，那些成功人士，无不是因为机缘巧合而得到贵人相助。其实，无论是职场还是整个人际关系中，学会揽一些“分外”事，你才有可能遇到“分外”的收获，因为通常来说，真正能打动他人的，往往是那些无心之举。

因此，身处职场，任何一个高情商的前辈都可能会告诉你，多做一点，你也许会收获更多。我们先来看下面一个财富故事：

曾经有一个年轻人，他在一家小旅馆当服务员，一直勤勤恳恳地工作。

这天晚上，一对老夫妇来开房间，但旅馆房间已经没有了，这下，老夫妇犯难了，因为他们真的没有地方去了。怎么办呢？

年轻人很爽快地说，让老夫妇睡自己的房间，正好自己要值班。然后，他将自己房间的床单和被褥都换了，他自己则趴在柜台上睡了一夜。

第二天，老夫妇看到这种情景很感动，认为这个青年人很善良。他绝对没有想到这对老夫妇就是希尔顿饭店的老板，而且没有子女，于是他做了希尔顿家族的接班人。

这名年轻人居然能从一名旅店服务员跻身于上流社会，与这位老夫妇的带领和引荐不无关系。当然，这是机缘巧合，但却告诉我们一个道理，人际交往中，我们若想得到“分外”的回报，就不要总是置身事外，就要多做一些“分外事”。

当然，我们所做的额外的事，并不一定会给我们带来额外的回报，但我们大可不必因噎废食，我们不妨把它当做一次善举，也可以当做对自己的磨练，毕竟这远比在电梯里与老板、

上司寒暄成功率来得更高。

的确，高情商的职场人士，往往都能在小细节上赢得人心，而赢得了人心，能让他们左右逢源，从而帮助他们在职场上顺风顺水。

因此，职场中的人们，不妨也在日常生活中广结善缘吧，通过帮助他人来为自己赢得人心。乐于助人，多主动帮助别人，会不断增加感情账户上的储蓄。在工作上，在生意中，在交际时，对别人多一份相知，多一份关心，多一份相助，当你求人办事时，谁还会拒你于千里之外呢?

当然，你还需要注意的一点是，与同事、领导打交道，帮助他们，也一定要掂量掂量自己的能力，答应别人无法兑现的事，不但无法赢得人心，还会让他人对你心生厌恶。

真正想让你的“分外”之举被他人感激，还要看我们到底是不是真的帮助对方解决问题了。我们一般崇尚“一言九鼎”“落地砸坑”“张嘴就能见到肠子”的直爽性格，而不喜欢转弯抹角的弯弯绕，更讨厌貌似有口无心、直言快语，实则机关算尽、言而无信的滑头。我们对别人的每一个帮助都是对一个人品质的检阅，每一项承诺都是对其人格的担保。因此，一定要谨慎我们对别人做的每一件事。

古人云，轻诺必寡信。这不仅是一个主观上愿不愿意守信的问题，也是一个有无能力兑现的问题。一个人经常答应自己无力完成的事，当然会使别人一次又一次失望。为人办事、帮忙，一定要有把握，当你获得了一个守信用的形象时，会获得越来越多人的信任，因而带来越来越多的机会。这就好似拥有了一座金矿。反之，缺此一条，别的方面再优秀，也难成大器。要获得守信的形象并不容易，最要紧的一条是：别答应你无法兑现的事。

因此，人际交往中，我们应该有点利益心与长远的眼光。身处职场，有人需要我们帮忙时，即使是我们“分外”的事，我们也一定不能袖手旁观，但同时，我们也应清楚自己的能力，对于做不到的事，我们还是不要轻易许诺。

让领导感受自己的忠诚

这是每一个意欲进入日本索尼公司的应聘者都常听到的一句话：一个不忠于公司的人，再有能力，也不能被录用，因为他可能为公司带来比能力平庸者更大的破坏，索尼公司不喜欢“叛徒”。

的确，现代企业，越来越重视员工的忠诚度，因为没有一个公司喜欢“叛徒”，所谓忠诚，意为尽心竭力，赤诚无私。企业员工的忠诚度是指员工对于企业所表现出来的行为指向和心理归属，即员工对所服务的企业尽心竭力的奉献程度。作为员工，在任何一个职场上都必须要明白，你的忠诚度如何，决

定了你的工作成绩，维系了你与组织之间的稳定关系。

从领导的角度看，领导和上级都希望自己的部属能忠心耿耿。而事实上，任何人都不能容忍或原谅别人对其不忠诚，尤以上司为甚。试想一个上司或老板怎会对此类部属有好印象而愿意重用呢？因此，即使你的学识再高、工作能力再强，如果你不能表现出你对领导的忠心，则很难获得其重用与提拔。

所以，身处职场，作为下属，我们在与领导打交道的时候，一定要学会让领导感受到我们的忠心，任何一个高情商的下属都会用这一招术赢得领导的信任。

张敏毕业后就来到一家小公司担任秘书一职，她很感谢现在的公司能给自己提供这样一个工作机会。

一次，她和公司王总与公司肖副总、马副总驱车出差，不小心和一外地车辆发生小车祸，无人员伤亡。对方一行3辆车，有8人，事故发生后，对方仗势欺人，就要过来打架，王总作为领导主动去沟通，希望好说好散。但是，对方根本就不理智，几个人上来就把王总打翻在地，肖副总、马副总已经不敢言语了，而张敏这样一个弱不禁风的小女子，当时也不知道哪里来的胆量，居然毫不犹豫地挺身而出，上前勇敢地大声说：“请你们理智一点好不好，车祸是谁都不愿意出的事，既然出了，就要解决问题，何况没有伤亡就是大幸，如果打架能够解决问题，就请你们打我好了，别打他，可能是你们觉得问题太小，请你们把我打死吧！”于是，张敏做出了一副大义凛然的样子。对方又怎么会真的打一个女人呢？此时，张敏的勇敢、幽默已经说服了对方，于是都心平气和了，找来交警处理，对方也向王总真诚道了歉。从此，张敏成为了王总最信任的人。

故事中的这位主人公张敏，与公司高层领导患难见真情，救他们于生命危险中，自然得到了领导的信任和重用。危及生命的时候，才是最患难的时候，更是检验友谊、情感和忠心的时候。

然而，我们不得不承认，现实职场中，有这样一些人，只是把工作当成谋取生存机会的一种手段，他们身处办公室，也只是为了每月按时发放的薪水，而对于领导、公司，他们的态度是漠然的，与领导的关系如何，似乎与他们毫无关系，这样的下属，是永远不可能在职场有所作为的。

忠诚，可以说是现代社会的谋职理念，每个组织都需要对组织忠心不贰的成员，每个领导也需要对自己、对工作忠心的下属。

当然，如果你是个忠心的下属，你还要懂得表现自己。有人说，每个领导的眼睛都是雪亮的。的确，此话不假，也许他早已经看到你，认为你是个值得培养的人才，也许他正在寻找机会考验你，也许他正想为你安排一个重大的任务，也许他正想给你一个培训和学习的机会，为你的职业生涯发展提供条件。但实际上，很多领导日理万机，不可能对每个员工的动态都能做出准确的判断。因此，这就更需要我们学会表现，善用冷读术便能帮助你达到这一目的，那么具体来说，我们该怎么做呢?

1. 不找借口，立即执行领导的命令

当我们接到领导的命令后，就要立即执行并全力以赴，当工作出现问题，一定要耐心接受领导的冗长说教甚至批评，并多站在领导的角度去考量。

2. 真诚表达

诚心是一种真心待人、忠于人、勤于事的奉献情操，它是出自内心，而不是虚伪假装出来的。与领导说话，同样应该“诚”字当前，做到不虚伪、不做作、诚恳自然。

3. 善于服从

下级服从领导本来就是天经地义的事情。这不仅体现了个人职业素养，更体现了我们对同事、领导的尊重，对单位和企业的认可，而更为重要的是，这也是一种敬业精神的体现。

这里的善于服从，指的是：

（1）随时听候领导差遣，鞍前马后。

（2）努力完成好领导布置的每一项任务。

（3）主动争取领导的安排。要知道，很多领导并不希望自己的下属是一个只会执行不会思考的机器人。

（4）主动请缨。当领导交代的任务确实有难度，其他同事畏手畏脚，而自己有一定把握时，应该勇于出来承担，以此显示你的胆略、勇气和能力。

（5）工作要有独立性。领导每天要处理很多事务，因此，每个领导都希望自己的下属能为自己排忧解难，帮自己处理一些工作中遇到的难题。作为下属，只有学会独立处理问题，才能独当一面，才能为领导排忧解难。

（6）要多多请示。聪明的下属，绝对不会自作主张，如果你什么都能做主，那么，还需要领导做什么呢？但也不要事事都请示领导，聪明的下属，绝对会在关键地方请示。征求领导的意见和看法，把领导的意志融入正专注的事情。这不仅能表现你的虚心，还是避免工作失误、赢得领导好感的重要方法。

4. 找准机会，表现我们的忠诚度

所谓“疾风知劲草，板荡识诚臣”“患难见真情”，逆境就是表现我们忠诚的最好时机。这里的逆境，可以是公司经营困境之时，可以是领导落难之际，此时，若您能坚守岗位全力为领导分劳解忧，丝毫无临危退逃或参与对手打击领导，则在一切恢复本来面貌时，只要领导仍在位，当会对您感佩而给予回报，即使领导将来另立门户亦会视您为左右手而拉拔您。

身在职场，如果你想赢取领导尤其是老板的钟爱或信任与重用，让老板视你为心腹或常相左右的得力助手，就需要表达自己的诚心，这样，你将可获致莫大助益，从而在职场上一帆风顺、扶摇直上。

赏罚分明，让下属心服口服

我们发现，任何一个领导者的工作是否顺利并有成效的完成，是与下属的积极性分不开的，而影响下属积极性的原因有很多，领导者是否奖罚分明无疑是其中的一个重要因素。奖励和惩罚都是激励工作实施中不可或缺的手段，对员工的成长和发展都有积极的作用。奖励是正强化的手段，是对某种行为给予肯定，使之得到巩固和保持；而惩罚则属于负强化，是对某种行为给予否定，使之逐渐减除。这两种方法，都是管理者驾驭员工不可或缺的手段。

但赏罚都是讲策略的，比如，如果过度褒奖一个员工，容易使下属产生飘飘然的感觉；而过度惩罚一个下属，则容易使之丧失自信心。因此，有丰富经验的领导在赏罚时绝不凭一时兴致所至，而是用心权衡，不失偏颇。在过去的领导生涯中，领导者总结出了一些行之有效的激励方法与艺术，视作自己的独门秘方。

肖云在市里某机关单位工作，她一向是个刚正不阿的女领导，为此，即使那些五大三粗的男人，也对这个女领导服服帖帖。

有一次，单位有批办公器材需要拉到维修部门去维修，而她工作的单位地点与维修部门之间有很远的距离，为了保障这批器材的安全，肖云让秘书小周陪同司机老王一起去。小周一直是个办事谨慎的年轻人，这也是肖云让他去的原因。

没想到的是，卡车行至半路的时候，突然下起了雨。路上的行人一看下雨了，就一个个慌乱地躲雨，也没有注意到红绿灯，就在这时，老王一个急刹车，但已经晚了，卡车与路上的一辆小汽车撞上了。小周赶紧让老王下车，去看看汽车里人怎么样，然后，他果断地打了"120"，此人很快被送到了医院，幸亏人没大碍，很快就醒过来了。老王和小周长长地舒了一口气。

回到单位后，他们做好了挨罚的准备，但没想到肖云却公开表扬了他们："这次的事故不怪小周和司机老王，当时的情况太混乱了，而我表扬他们的原因是他们很机警，及时把人送到医院，并且，这还发扬了我们单位同事做事负责的态度，我们绝不能学社会上那种出了事就逃逸的坏作风……晚上我替你们压压惊。"

自打这件事后，在单位下属的心中，对肖云更加敬佩了。

从这则故事中，我们发现肖云的确是一个明智的领导，换作其他领导，也许会对下属进行一番严厉的惩罚，但她没有这么做，她能站在事实的角度，对此事进行了一个贴切、合理的处理，这自然会让下属对她钦佩有加，进而愿意死心塌地地接受她的领导。

的确，每个员工的心中都怀有渴望被他人褒奖或认可的心理，所以会产生勇往直前的精神。褒奖与斥责可以指导他们不断做出回馈，或是不要再犯错误的行为。而最重要的是，赏罚分明，是一个领导树立威信的心理策略，让对方信服，这

样他们就会自然地去支持你。这就是威信。

可见，只有奖罚分明的管理者才是一个好领导，正如兵法所言，“用赏贵信，用刑贵正。”身处职场的你，如果也希望成为一个好领导，那么，你就必须做到赏罚分明。要做到这一点，你就必须制定出严格的赏罚政策，也就是说，每份文件都要详细规定事情“该怎么做”“谁检查”“做好了如何奖”“做不好该如何处罚”等，真正做到有法可依、有据可查，并在此基础上建立绩效考核机制。这样，在公开的制度下、公平的标准下，所得出的赏罚结果也是公正的。

那么，身为领导者，我们该如何做到赏罚分明呢?

1. 规范奖励和惩罚条例

的确，现代企业中，任何组织、任何部门，为了调动员工的积极性，为了规范员工的行为，必须同时制定奖励和惩罚条例，并保证严格实行，不得轻视或取消任何一番。而建立企业标准化管理体系和绩效考核机制无疑是最好的途经。

也就是说，每份文件在赏罚问题上都要做到细致化，关于具体的工作任务，应该规定如何做，做好了如何奖励，做不好如何惩罚，只有将规定做到条理化、细致化，才能让考核做到公平、公正，员工的积极性才会提高，因为从员工的角度看，如果你希望多奖少罚，你就必须努力工作，把工作业绩提上去。当然，在实行前期，员工和老板都会持观望态度，但在实行两三个月后，员工尝到了甜头、老板看到了效益的情况下，他们便会相信此举功效。

2. 在惩罚前先激励

无论是批评还是惩罚下属，都要注意员工的感受，如果先对下属夸赞、激励一番，那么，下属接受起来也就容易得多。

3. 奖励应适当，并要注意在奖励中加入期望

下属的心中都怀有渴望被他人褒奖或认可的心理，可见，适当的奖励对于员工树立自信心、不断追求上进可能带来奇妙的功效。小功不赏，则大功不立。奖励某一种行为，这一行为就频繁出现，这就叫做强化。强化分为多种方式，其中一种方式就是固定时间的强化，即每隔一定的时间，就提供强化物，强化做出的行为。

另外，为了防止员工飘飘然、懈怠不前，在奖励完下属后，一定要表达你的期望："这个月你是我们的销售冠军，很不错，希望你继续努力，争取获得更大的成就。"

总之，好的领导者并不是大包大揽员工的工作、溺爱员工，而是应该本着帮助员工成长、为企业提高效益的角度出发，要做到恩威并施，赏罚分明，赏罚的关键是：要严明、公正；"赏不可不平，罚不可不均"；不分人的贵贱，谁有功就赏谁，谁违纪，哪怕是"皇亲国戚"也要严格惩罚，从而通过奖励和惩罚这两种正、负强化激励手段，来达到鼓励先进、鞭策后进以及提高绩效的目的。

第 08 章

妙语连珠，情商高的人会说话

在很多时候，看似不经意的一句话，很有可能暴露你的低情商，而真正情商高的人，都很会说话。所谓情商高，就是会说话。生活中，我们总会遇到各种形形色色的人，能够运用出色的谈话技巧，来凸显我们的高情商，体现为人处世的智慧，这对每一个人来说都非常重要。

好口才是成功办事的通行证

《红楼梦》中有句话说："世事洞明皆学问，人情练达即文章。"人无论在哪个发展阶段上，都离不开做人、说话、办事。要想立足社会，想在人际圈中吃得开，就要掌握三种本领：会做人、会说话、会办事。这就是一种"学问"。生活中，我们发现，那些会说话的人似乎总是能掌握成功办事的通行证，总是能事半功倍。而那些不善表达者无论做何事似乎总是处处碰壁。俗话说："一句话让人笑，一句话让人跳。"就是这个道理。

会说话就是讲究语言表达的方式：说得好，说得精，说得巧。

说得好，就是真正说出对方爱听的话，说者会说，听者爱听，彼此共鸣；

说得精，就是言简意赅，不啰嗦，不冗繁，不赘言；

说得巧，是把话说到点子上，言之有据，一语中的，而不是东拉西扯，无理狡辩。

有的人会说话，有的人不会说话。正所谓"恶语伤人六月寒"。会说话的人可以明确地表达自己的意图，能够把道理说得清楚、动听，并让听者乐意接受。会说话的人金玉良言被人所称赞，绝词妙语被人所欣赏，豪言壮语给人以鼓舞。不会说话的人常常吞吞吐吐，含糊其辞，重则造成误会，伤及感情，对人对己都不利。

那么，我们该如何说话，才能在办事时事半功倍呢？

1. 说话饱含感情

“真是久仰大名”“一日不见如隔三秋”这类没有感情色彩的话语，如同一束没有生命力的塑料假花，它非常美丽但缺少活力，不鲜活动人，没有动力。要少说这类空话、多说一些带有感情色彩的话。

2. 表达真诚

一个说话真诚的人，更容易让人相信、亲近。很难设想，那些冠冕堂皇、虚情假意的话怎么能让人产生亲近感。因此，即使对话双方身份不同、处境各异，只要说的是坦率的、真诚的、发自肺腑的话，往往都能起到感动人心的作用。

3. 站在对方角度说话

如果与人对话时多从沟通的角度出发，多一点将心比心的理解，多说一点善解人意的话，那么，语言表达就容易引起对方的共鸣，一种独特的亲和力也就寄寓其中了。比如，当对方正遭受某种不幸时，你应感情真挚地表达自己的理解，你可以说：“你的心情我能理解……”而假如你漠不关心的话，对方是不会答应你的请求的。

当然，真正会说话的人，一般都会从情感的角度，以情动人、打动对方，让对方接受我们，进而成功达成我们的办事目的！

避其锋芒，才能保存自己

生活中，每个人都渴望交流和沟通，语言是人际交流的重要方式，交谈有利于彼此之间交换信息、想法和感受。那些不善言辞的人，通常情况下，人际关系都会逊色于那些具有良好口才的人，在办事时自然也有更多的阻碍。可以说，口才已经成为新世纪判断人才的重要标准。

而实际上，现实生活中，总是有些人，把说话当成辩论赛，好像说得快、说得多就代表自己胜利了，说话往往脱口而出，一开口就把自己的老底交出来。事实上，正是因为这样，而往往导致祸从口出，说一些不该说的话，犯一些无法弥补的错误。

所以，为了与他人有更好的沟通，我们一定要克制住自己争强好胜的个性，隐藏住自己脱口而出的高超口才技艺，在说重要的话前先打好腹稿。只有这样，才能有效管住你的嘴巴，隐藏自己、避其锋芒，如此才会保存自己。

直言直语是一个人致命的弱点，也会让你在他人面前暴露无遗，当对方了解你的真实想法以后，便会对你大加防备甚至刻意与你为敌，可能你在吐露心声的时候，的确没有任何的顾虑，只看到现象或表面，也只考虑到自己的“不吐不快”，可是，当你想到你的这句不经意的话可能导致你的人际关系出现阻碍，你还会无所顾忌的说话吗？

可见，“说话”也是一种艺术。说什么、怎么说，都有讲究。很多时候，一句恰当的话可以为你加分，而有时吃亏就是因为没能管住自己的嘴巴。对此，我们要有清醒的认识，凡事三思而行，说话也不例外，无论想说什么，不妨先打个腹稿，多考虑一下自己这样说的后果，这样，能避免说出很多不该说的话！

言之有物，让对方听明白

语言是一门表达自己观点的艺术，这是众所周知的。但现实生活中，有很多人，说的很多话，立足点和出发点本来是不错的，但却由于不注意说话艺术，语言毫无针对性，甚至让对方觉得“不知所云”。

“言之有物，实为心声，一颦一笑，俱带感情”，这是任何语言必须要达到的最基本的效果，试想，如果你在表达上模糊不清、云里雾里，无法让交谈对方领略到你的话中含义，又怎么能让对方按照你的意图行事呢？

那么，我们在说话时，该如何做到言之有物，让对方明白呢？

1. 丰富你的语言知识

常言道："工欲善其事，必先利其器。"要想会说话，说好话，就必须锻炼好自己的硬件条件——充实语言知识，掌握知识这一利器。因为只有掌握丰富的知识，才能让你在交谈的时候娓娓道来、有理有据，也可以使你的口头表达更加准确，可以使口语表达更加生动。

2. 打好腹稿，选择词句表达自己的思想

许多演讲大师在演讲之前，都会对语句的组织做一番精心准备，以便使自己的讲话更准确、更生动、更有力度。

在大多数情况下，我们与人交谈前，也应该对自己将要讲的内容预先梳理一番。这样做的好处在于：

首先，能起到"有备无患"的作用，这样可以回应说话过程中出现的某些"意外情况"。有时候，我们在说话的过程中，会因为准备不充分出现一些怯场、心慌等情况，要避免这一点，我们就要做到事先对讲话内容有所准备，对说话可能引起的反应有所预测。

而最为重要的是，对说话内容的梳理，能帮助我们找到最能表达意图的语言。语言，特别是作为表意文字的汉语，词汇特别丰富，语言与情境的关系也非常紧密。如果不事先对自己要说的内容在文字上做一些准备工作，那么在话语交锋的过程中，就很难保证自己选择的词句是恰当的，是适合当时情境的。语句选择的不当，轻则可能造成理解的误差和障碍，严重的甚至会伤害对方的感情，使谈话无法继续。

3. 准确而流畅的言词表达

其实，说话的本意就在于传情达意，因此，把话说清楚是对说话的最基本要求。然而，把话说清楚，就要求我们把自己的意思表达得完整而准确，并且具有连贯性。这个要求看起来很简单，但事实上很多人都做不到，或者难以做好，准确流畅的言词表达，需要讲究一定的技巧。

我们经常说的"一气呵成""行云流水""入脑入心"就是语言效果的体现。这里，要求我们说话的时候，不可语无伦次、长篇大论，而是要意在生动感人。

4. 讲话时思维要连贯，不要经常转换话题

通常来说，我们说话，都是有一定的主题的，因此，如果没有客观的需要，最好不要经常转换话题。因为人的大脑思维是有一定连贯性的，一件事情重点强调，就会记得深；如果不停地转换主题，大脑因不停地更新内容，就来不及记忆了。

因此，如果你思维不连贯，总转换话题，那么，听的人则不知道要接受什么信息，要如何理解并记住讲话内容，这样的沟通将是完全无效的。

人与人之间沟通，懂得如何说话、说些什么话、怎么把话说到对方心坎里，这些都是很重要的地方。我们在说话的时候，一定要让对方听明白，做到言之有物，否则，你的语言便是无效的！

话说得滴水不漏，别让对方抓住把柄

在日常交际中，同样是说话，有的人由于词不达意而处处碰壁，有的人却口吐莲花而左右逢源。这是为什么呢？其实这就是言语的慎密性，前者言语不够慎密，经常被他人抓住“把柄”，后者言语谨慎小心，把话说得滴水不漏。在语言沟通中，无论是赞美他人，还是批评他人，我们都应该谨慎使用言语，把话说得滴水不漏，不给对方反驳的机会，不让对方有空子可钻，以慎密言语来影响他人心理。可是，在现实生活中，许多人不经过大脑思考就脱口而出的话，常常会因为言语中出现的漏洞而被对方反将一军，或者自己自作聪明地认为自己掌握了话语主动权，但是，却在无意之间就让对方抓住了“把柄”，最终只能以惨败收场。所以，我们不仅要善于言辞，更要会说话，努力把话说得滴水不漏，不让对方抓住“把柄”。那么应该如何做呢？

1. 用好语言“武器”

有时候，沟通就是一场语言的战争，谁先露出了破绽，谁就先输了。因此，在沟通过程中，语言不仅可以为我们传情达意，而且还能够成为自己的防卫“武器”。一旦言语中有了“空子”，就给对方提供了反驳的机会，最后就有可能被对方抓住把柄。所以，为了打赢“语言”这场战役，我们需要谨慎使用一字一句，尽量慎言密语，为自己筑起坚固的心理防卫，不让对方抓到把柄，牢牢把握“胜利”的机会。

2. 随机应变

有时候，面对对方咄咄逼人的问题，有可能你会乱了阵脚，于是，那些不该说的话却脱口而出。在这样的情况下，对方有可能会从你的话语中抓住把柄，并且伺机通过言语攻击你。因此，在面对别人的提问时，我们要懂得随机应变，把回答的话说得滴水不漏，让对方找不到把柄。

言语谦虚，更易获得对方的认可

和高调张扬的口才相比，有一种口才叫做谦虚低调。古人云，满招损，谦受益。这句话相信很多人都耳熟能详，但是对于其中蕴含的深刻道理，有很多人并不清楚。或者说，虽然大家都很清楚这句话阐述的道理，却并不能将其很好地贯彻在实际行动中，也很难真正做到。毋庸置疑，从心理学的角度而言，每个人都希望得到他人的认可和尊重，也都希望得到他人的关注和瞩目，这种虚荣心和自我价值的实现，是正常的心理需求。然而，这种需求一旦过度，就会导致我们被虚荣心绑架，不管做什么事情第一时间想到的不是自己的切实需要，而是为了引起他人的羡慕，不得不说，这样的做法是非常失败的。尤其是当这种心态严重影响到我们的表达，使我们在说话

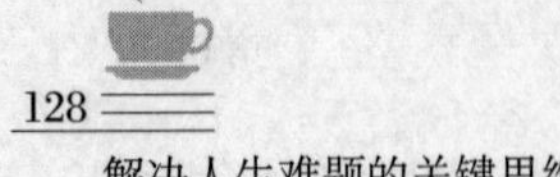

的时候也总是不停地吹嘘夸张，炫耀自己，则日久天长，难免惹人生厌。

实际上，和高调做事相比，低调做人是更受欢迎的。我们做人一定要谦虚低调。第一，一个谦虚低调的人，他的姿态必然是放低的，这样一来，他才不会以高高在上的姿态给别人压力，导致别人都排斥他、抗拒他，最终使他处处不受欢迎。第二，谦虚低调的人都很擅长从他人的角度思考问题，他们能够设身处地地为他人着想，也能够常常进行自我反省。因而，他们不但能够积极主动地提升和完善自我，也能够把话说到他人心里去，得到他人的认可和尊重。实际上，口头上占据上风除了惹人生厌之外，并没有什么实质性的好处。任何时候，一个聪明的人都不会在言谈上占别人的便宜，压制别人。他们总是低调谦虚，哪怕是自己的优点和长处得到他人夸赞，他们也能做到心平气和，绝不虚张声势。

每个人的语言都是心灵的表达，一个言辞上非常自高自大的人，心灵上也必然狂妄。殊不知，这样的自负只会导致自己无法正确认知和衡量自己，从而也就无法发现自身的缺点和不足，更无法进步。任何时候，只有内心谦虚的人才会不断反省自己，言谈举止间都表现出谦逊的作风。朋友们，不管我们的能力是强还是弱，也不管我们的身份地位是高还是低，我们都要牢记低调做人、高调做事的原则，谦虚地为人处世，从而赢得他人的认可和赏识。

第09章

做事用心，情商高的人做事先做人

做人有心，才能用心做事。追求做人有心的境界，才能更好地做事。有心是一种难得的境界，付出真情和真心，必将换来他人的真情真心，做事自然会水到渠成。做人，只要根植于有心的土壤，那绽放出来的人生之花，一定是芬芳而持久的。

努力坚持，相信付出终有回报

每个人要想获得成绩，不努力去做是不可能的。不经历风雨怎么见彩虹是绝对值得人们不断回味的，因为这一句话是多少人亲身经历后的一种感悟，最后浓缩为一条真理。然而，在每个人的心中都会有种不自觉的想法，那就是如何才能不用付出那么多就能有让自己满意的收获。当然这种想法并不是可耻的，因为一些劳累让人们的心会感到疲惫，所以这是可以理解的，但是这样的机会是凤毛麟角的，即使有，也是拥有了并不平凡的经历才能够获得的，所以脚踏实地地去付出，去努力才是真正要做的。

1. 要舍得下本

用心付出，可以换来回报，那么不同的人有不同的付出方式，有的人会考虑如何进行合理地付出，使自己在尽量少的付出下获得尽可能多的回报；有些人则是选择一种尽可能多的付出，从而有较多的回报；还有些人则不舍得投入，怕投入后收不回来。那么纵观有较为丰厚回报的人，他们的特点大多是能够做到舍得下本，舍得投入。

2. 付出是回报的前提

要记住，付出是回报的前提，是获得“收获之花”必然要播撒的种子。

要脚踏实地，不要异想天开。

3. 摆正心态

在付出和收获这两者之间，好的心态是非常重要的，一些人只想着收获，那么往往会忽略了付出，结果就是没有收获。他们总是非常自私的就是想得到，而舍不得先“吃亏”，他们不懂得“吃亏其实是福”的道理，这种心态往往注定了他们的失败。或者是一些人把收获看得过重，结果在付出的过程中伤害了人们的感情，这是不利于长远发展的。要摆正自己的心态，把结果看得淡一些，要能够做到享受过程，这样取得的成绩往往能够给自己带来惊喜。

孟子曾经对齐宣王说过：“君王如果把大臣看做手足，大臣就会把君王看做心腹；君王如果把大臣看做犬马，大臣就会把君王看做常人；君王如果把大臣看做是草芥，那大臣就会把君王看做仇敌。”所以说，如果你要想获得回报，就必须先付出给别人。如果你不想别人施加给你的，你也就不要施加给别人。

一个人想要有收获，那么最重要的一点就是付出，只有付出才能换回收获。有些人说天上掉馅饼，那是坐享其成，在竞争如此激烈的当代社会，如何能够容一个坐享其成的人存在？

所以，不要懒惰，不要妄想，脚踏实地，努力付出才是真正的王道。

为了保证成功，必须有详细的计划

1. 人生就像教学

人生中的事，就像教学一样，同样是需要进行一定的规划和安排的。每个学期要教授几节课，课时安排和教授内容是否能够完美契合，每节课要讲的内容之间的关联是否紧密，等等，都是一个教师应该提前规划好的。那么作为一个普通人，同样是需要做到像教学一样规划自己的人生。没有人因有计划而失败，却有太多的人因为没有计划而失败。运气可能给你插上翅膀，但飞向哪里还是要靠你的计划。

2. 计划使自己更有预见性

有的人为什么能够在一些关键的时候预测未来将要发生或可能发生的事情，很大程度上是因为他在为自己的每一步做着周密的计划，在计划设计的过程中，他有意或者无意地发现了一些问题，这就使他能够在事情真的到来之前具有预见性。其实，每个人都可以在计划的过程中进行推理，这个过程可以在一定程度上预测事情发展的趋势，使自己更有预见性，从而可以起到防患于未然的效果。

3. 有备无患方能从容镇定

做事从容镇定是一种非常好的状态，因为只有临危不乱，才能够集中精力，更好地思考，寻找解决问题的方法。然而，如果没有良好的心理素质，在一些突如其来的事情面前，很少有人能够做到镇定自若，所以一个好的挽救方法就是有所准备，只有有所准备，才能够在紧急情况面前做到心中有数，也就不会手忙脚乱了，所以这里就更体现出了之前做好计划的重要性。

4. 认真计划，不要大意

没有计划的人，做事很难有条理，那么取得成绩就更是难上加难。一个在商界颇有名气的经纪人把“做事没有条理”列为许多公司失败的一个重要原因。做事是否有计划，这不仅是一种良好的习惯的体现，更是一种做事认真负责的态度，这种态度非常重要，关乎到是否能够取得成功。

做事想得心应手，当然是每个人都想拥有的状态，可是想得心应手并不是想来就来的，而是需要自己有一个胸有成竹的状态的，这个状态的由来是和做事情之前的计划分不开的。所以，在做事的时候，要培养自己良好的习惯，不要为自己的懒惰和失误找借口，做事要有目的性，然后根据你的目的去计划，只有这样才能一步一步地将事情做好，做扎实，最终获得成功。

选择自己擅长的，而后坚持不懈

一个人做事是非常讲究技巧的，一方面是讲究事前的计划性，让自己能够有所准备，在关键时刻能够临危不乱。另一方面，要能够有选择性，一些自己不擅长的并且并不是非常重要的，那就放弃掉，因为你去逞强，很可能会遭遇失败，使自信遭到打击，不利于今后工作的开展。不过，如果自己心中有一定的把握，并且能够勇于去迎接这个挑战，那么另当别论。所以，一个人最好要选择自己感兴趣和拿手的事情去做，这样既能够有把握做好，又能够使自己在别人面前展示才华，一箭双雕，何乐而不为。

1. 认识自己是前提

一个人要想选择自己拿手的事情做，那么一个大的前提就是了解自己，知道自己对什么样的事情最拿手。在做事之前，要理性地去分析，而不要因为感性的冲动去逞强，因为这样往往会遭遇失败。

林强是一名大一的学生，刚经历了高考的他，能够考上自己心仪的大学是一件很幸福的事情，外加上摆脱了高中高强度的学习，林强有些像出笼的小鸟一般尽情撒欢。在大学中，各种各样的社团活动应接不暇，由于林强急于表现自己，于是没有经过选择就报名了类似“校园形象大使比赛”“主持人大赛”之类的活动，然而本身喜欢打电脑游戏的他并不擅长舞台表演，在表演的过程中由于极度紧张，结果出了丑，自信遭到了严重打击，直到大三他才找回了自己。

林强的例子告诉我们不要急于表现自己，只要自己有能力，那么早晚有机会去展现给别人，由于他不分青红皂白，不结合自身特点地选择，让自己吃了亏，好在他还没有步入社会，能够在校园中学会理智。

在我国历史上，有很多将领都是因为一时逞能，结果做了自己并不擅长的事情，不仅在人前丑态百出，更有甚者白搭了自己的性命。

2. 结合兴趣点

自己拿手的，一般都是自己比较感兴趣的，那么在自己并不清楚是否能够胜任的时候，可以看一看自己是不是感兴趣，如果自身有较为浓厚的兴趣，那么即使并不擅长，也会集中精力去做，也许最终并不会取得预期的效果，但是起码不至于让自己出丑，相反可能会博得众人的喝彩。

3. 讲究技巧

在选择所做的事情时要讲究技巧，这是因为每个人的特点不一样，那么每个人擅长的内容也会千差万别。有些人性格较为外向，比较热情和豪爽；有些人则比较内向，不会主动和人交往。虽然人们的特点千差万别，但是都是一样的，没有优劣好坏之分。人们这些属于自己的特点，有的是天生就有的，有的则是后天培养形成的。在分析自身特点的过程中可以适当地

关注自己的特长，在什么地方有突出的表现，可以让我们在职业成长中更加容易发挥出自己的优势和特点，从而能够在成就自己人生的事业中获得更多的可能。

每个人追求的人生不一样，但是，大家都是一步步去实现自己的理想的。的确，有很多事不可能把我们引向成功，但是有梦的人生才是最为有意义的人生。也许未来太难以把握，但是我们只要把握住现在的每一刻，那么我们离成功就会越来越近，把梦想变为现实的几率就会越来越大，这里很关键的一点就是选择自己拿手的，然后才是坚持不懈，这样成功的几率也就大大提升了。

缜密思考，想妥之后再行动

在生活中，做任何事情都一样，不能盲目，要先思而后行，才能在智慧的基础上加上自己的努力，从而达到胜利的彼岸。在大多数时候，许多盲目的行为，终会酿下苦果，甚至会付出生命的代价。俗话说：“三思而后行。”意在告诉我们，做任何一件事情，都需要仔细考虑。慎重考虑清楚我们还没有预料到的事情，以防万一，这样我们才能更好地保全自己。在现实生活中，我们经常看到某些人做事风风火火，全凭着一股冲劲，做事从来不动脑子，这样的人虽然加快了做事的速度，但是，他们却常常为自己的冲动而买单。细心行事，说起来很简单，可是在真正做事的时候却有些困难，在很多时候，急于成功和紧张的心理常常使人们失去了常态，甚至，无法正确地判断自己的行为。对此，不管是大事小事，凡事应细心为主，慎密思考，三思而后行，如此事情才有可能会成功。

有一次，曾国藩坐着轿子正要出门，没想，听到帘子外有人叫自己的乳名："宽一！"他连忙叫轿夫停轿，看到来人他又惊又喜："这不是干爹？您老人家怎么到了这里？"说完，赶忙将干爹迎到了家中。

面对远道而来的干爹，曾国藩不住地问家乡的情况，可是，干爹却是满腹委屈，他找了个机会将自己在家乡受到知府大人不平对待的遭遇一一告诉了干儿媳，儿媳妇安慰他说："不要担心，除非他的官比你干儿子大。"老人家听了，悬着的心放下了一半。

过了几天，夫人特意说起了干爹的事情，她劝曾国藩："你就给干爹写个条子到衡州吧。"曾国藩大声叹气："这怎么行呢？我不是多次给澄弟写信让他们不要干预地方官的公事吗？如今自己倒在几千里外干预了起来，岂不是自己打自己嘴巴？"夫人说："可干爹是个老实本分的人，你总不能看老实人被欺负，你得为他主持公道啊！"曾国藩思考了片刻，说道："好！让我再想想。"

第二天，曾国藩奉谕升官，顿时，许多达官显贵都来庆贺，曾国藩将干爹迎到了上座，向大家介绍了他。这时，曾国藩拿出了一把折扇，说道：“干爹执意要返回家乡，我准备送干爹一份小礼物，列位看得起的话，也请在扇上留下宝墨，以作纪念。”文武官员一听，都争相留名，不一会儿，折扇两面都写满了名字。干爹带着这把折扇回到了家乡，知府大人一看，气焰顿时矮了半截。

曾国藩为官一生，活跃于政治舞台上，伴君数十年仍然得以自保，这是十分难得的。正所谓“伴君如伴虎”，离上司越近，危险性就越大，自己的一言一行都需要特别注意。可是，那么数十年，曾国藩却能成功自保，其主要原因就是他比较善于细心行事，哪怕是一件小事，他也会多想一步，这样一来，给自己留了足够的后路，自然就能保全自己了。

在《三国演义》里，“马谡失街亭”的故事几乎家喻户晓：

当时，诸葛亮亲自率领着大军，向西路扑向祁山，由于魏国毫无防备，守在祁山的魏军纷纷败退。刚刚即位的魏明帝曹叡立即派张颌带领五万人马赶到祁山去抵抗，并亲自去长安督战。

马谡一直是诸葛亮信任的人，不过，刘备在去世时却看出马谡这个人不太踏实，他特意嘱咐诸葛亮：“马谡这个人言过其实，不能派他干大事，还得好好考察一下。”不过，诸葛亮并没有将这番嘱咐放在心上，这一次，他派马谡当先锋，守街亭。马谡当即带着副将王平来到了街亭，他对王平说：“这一带地形险要，街亭旁边有座山，正好在山上扎营，布置埋伏。”王平提醒说：“丞相临走的时候嘱咐过，要坚守城池，稳扎营垒，在山上扎营太冒险。”马谡却不假思索地拒绝了，根本不听王平的劝告。

没想到，这一不经思考的决定真的带来了恶果，街亭失守了，马谡虽然侥幸逃脱，但是，他最终难免处罚，诸葛亮自叹“用人不当”，只好挥泪斩马谡。

在这里，无论是诸葛亮还是马谡，都缺少了那么一点细心，最终酿成了大错。在生活中，当我们决定要去做一件事情的时候，需要思考这件事值得不值得去做，如果做了对自己有没有好处，会不会有什么后果。同时，还需要考虑事情的下一步会发生什么，考虑利弊再衡量思路，做出更有利的选择。

持之以恒，让量变引起质变

在感动中国人物的颁奖典礼上，我们听到和看到了很多感动人的大事小情。纵观这些感动中国人物的事例，我们不难得到一个结论：大凡成功，都是把简单的事情做到极致。那些让人感动的事情，有很多都是把不起眼的小事持之以恒地做下去，做到极致，最终取得了非凡的效果。关于人生，很多平凡

的人都有着不平凡的设想。哪怕是命运再怎么卑微，人们也会对未来充满憧憬。然而，成功与失败之间，往往区别于是否持之以恒。

有句俗语说，一个人做一件好事并不难，难的是做一辈子好事。即使一件再怎么微不足道的事情，只要坚持不懈地去做，也能够惊天动地。例如，有个邮差几十年如一日，每天都走几十里山路，给大山里的居民送信，成为沟通大山和外界的信使。还有的民办老师，多年来拿着微薄的薪水，却始终对孩子们不离不弃。人的一生，说起来很漫长，却也非常短暂。在短暂的生命中，我们是努力做好一件事，还是三心二意，总是这山看着那山高呢？相信聪明人心里定有决断。

作为宋代著名的文学家，范仲淹自幼失去父亲，家境非常贫寒。眼看着儿子就要食不果腹，母亲带着范仲淹改嫁到朱家，从而确保儿子不会被饿死。直到十几岁时，范仲淹才知道自己的父亲早已去世，朱家也不是他的家。为此，他再也不姓朱，坚持要改回范姓。为此，朱家的父亲对他意见很大，最终闹得范仲淹不得不离家出走，住进了寺庙的僧房里。在寺庙里，日子非常贫寒，而十几岁的范仲淹饭量很大，即便每顿吃一大碗饭，也很快就会饿得前胸贴后背。长期以来的饥饿，让范仲淹根本无法全心全意地学习。思来想去，他想出了一个好办法。他每天清晨起床就煮好一锅粘稠的米粥，等到冷了之后，他再把一锅米粥切成四块，每天早晚各吃两块。早晨，范仲淹就着咸菜三口两口吞下米粥块之后，就开始专心致志地读书。等到傍晚来临，才再吃剩下的两块粥。

正是这段时间的学习，使范仲淹饱览群书，不但从书中学到了很多知识，也增长了很多见识，明白了很多道理。为了求学，他千里迢迢地来到如今的河南商丘，跟随著名的学者戚同文学习。起初，范仲淹还能一天吃上两顿稀粥，后来经济方面日渐拮据，连稀粥都吃不起了。每天只能吃一顿饭，而且还很随便。即便如此，范仲淹依然全心投入学习之中，从未为饿肚子的事情影响学习。他不但为自己制定了严格的学习计划，而且严密遵守学习计划的安排，从未因为劳累疲倦影响学习。有的时候，为了驱赶困倦，他还会用刺骨的凉水洗脸。就这样，在艰苦卓绝的环境中，范仲淹数十年如一日，最终刻苦学成，成为一代名家。

从范仲淹成功的经历上我们不难看出，成功就是排除万难，坚持不懈。其实范仲淹在成功的历程中只做了一件事情，那就是坚持。他把坚持做到了极致，不管生活多么艰难，他始终没有放弃努力，始终坚持读书，持之以恒。最终，他才能改变命运，获得成功。

虽然我们不是范仲淹，也可能无缘成为政治家、文学家，但是我们普通人的人生也应该有属于自己的成功。任何情况下，我们都必须坚持做好每一件小事，尤其是做好对于自己的人生有帮助有益处的事情。

大名鼎鼎的爱因斯坦曾经出任荷兰莱顿大学的特邀教授，他给学生们上的第一堂课，就是以“成功的秘诀”为主题的。当时，学生们听说爱因斯坦教授要说成功的秘诀，全都瞪大眼睛、目不转睛地看着。只见爱因斯坦拿着盒子走上讲坛，沉默着打开盒子，从里面拿出很多骨牌堆叠起来。他不停地往高处堆骨牌，直到堆了二十几枚，骨牌才轰然倒塌。但是他毫不气馁，也不沮丧，而是继续捡起骨牌，默不作声地继续堆叠骨牌。如此这番，倒了再堆，堆了再倒，四五次之后，坐在下面的学生们开始忐忑不安，躁动起来。爱因斯坦不为所动，依然重复着此前的工作。直到三十分钟之后，有些学生开始离席，愤然离去，有的学生主动走上讲台，帮爱因斯坦一起堆叠骨牌。渐渐地，他们发现大概四十枚骨牌堆叠到一起时，就会轰然倒塌，根本不可能把五十枚骨牌都堆叠到一起。直到最后，只有一名学生依然不离不弃，站在讲台旁帮助爱因斯坦堆叠骨牌。

直到一个多小时之后，这个学生终于成功地把所有的五十枚骨牌堆叠起来了。爱因斯坦兴奋地祝贺他：“恭喜你，你成功了。可以说说你现在的想法吗？”学生略加思索，笑着说：“每次堆叠，都有新的发现和收获。”原来，他在堆叠的过程中，发现有一小部分骨牌是有磁性的，能够彼此吸引，增加粘合的力量。为此，他细心地把这些有磁性的骨牌堆在下面，作为基础，然后再把那些不带磁性的骨牌堆在上面。等到骨牌又轰然倒塌时，他又发现骨牌的轻重不一，有些骨牌很轻，有的骨牌则比较重。为此，他再把重些的骨牌放在下面。如此经过若干次尝试之后，他终于成功地把所有的骨牌都堆叠起来了。听到学生的分享，爱因斯坦欣慰地说："成功就是发现问题、解决问题，而且不断地重复的过程。必须有足够的耐心，把简单的事情做到极致，我们才能得到成功的青睐。"后来，这位学生凭着坚韧不拔的努力，最终学有所成，成为爱因斯坦的同事，与爱因斯坦携手并肩，一起在科学的道路上越走越远。他就是惠勒。

从惠勒堆叠骨牌的事例，我们不难看出，他在爱因斯坦的指导下悟出了成功的秘诀。的确，任何成功都与坚持分不开。可以说，任何成功，不管是惊天动地的大成功，还是微不足道的小成功，都必须持之以恒，这样才能以量变引起质变，最终得到成功的机会和可能。否则，如果你一次都不曾尝试，或者即使尝试了也是浅尝辄止，那么你永远都与成功无缘。

朋友们，成功的秘诀如此简单，你们赶快行动起来吧！

第10章

做事策略，情商高的人做事讲究方法

有这样一句俄罗斯谚语："巧干能捕雄狮，蛮干难捉蟋蟀。"这句话道出了一个普遍真理，做事要讲究策略，巧干胜于蛮干。我们在做事时，需要因地制宜，做出不同的决策，在任何情况下都要按科学规律办事，如此将事半功倍。

言尽而意不止，意在言外

古人曰："大凌小者，警以诱之，刚中而应，行险而顺。"意思是，强者要使弱者服从，必须使用警告的方法，以适当强硬态度临之，可使对方服从；越是断然处事，越能使对方服从。所谓"意在言外，话中有话"，当你需要表达自己意见的时候，不需要破口大骂，只需拐弯抹角，点到为止，就能达到说话的真正目的。如此的语言战术就是"指桑骂槐"的战术，表面上讥讽这件事物，实际上却是骂彼人的战术。"指桑骂槐"的字面意思是指着桑树骂槐树，自古以来，它已经成为了含沙射影、拐弯抹角的代名词。在古代，人们骂人是很讲究艺术的，不必出口成脏，也不用破口大骂，利用旁敲侧击就能达到骂人的目的，比如"盲人上街——目中无人"，这句是话里有话，表面上好像不是在骂人，实际上却是意在言外。如此看来，"指桑骂槐"，不仅"骂"得生动传神，更是入木三分。

其实，"指桑骂槐"的方法，还蕴含着"明褒暗贬""绵里藏针"的意思，通俗地说，它就是人们最常说的"指着秃驴骂和尚"。在"三十六计"里，它是间接训诫部属以使其敬服的谋略，它作为一种计谋，是一种以"杀鸡儆猴"的手段来达到严肃法纪、树立权威的策略，从而令对方知难而退。在生活中，对于某些人和事，如果调动它，它不理睬；诱之以利，反启其疑。在这样的情况下，我们就可以严责他人过失，以杀一儆百、敲山震虎的暗示手段发出警告，迫使对方敬畏顺从，知难而退。

公元前547年，齐国边境战事紧张，而齐景公却出人意料地派身材矮小、容貌丑陋、衣着土气的田穰苴做了齐国领兵大元帅。如此的决定使得下面的群臣均不服气，田穰苴对齐景公说："主公命臣下做大元帅，臣愿尽全力做好。可是臣下出身卑微，直接统帅三军，恐怕难以服众。因此请求主公能派一位德高望重的大夫做臣下的监军，以便随时指责臣下的过错。"齐景公答应这个要求，并指定了大臣庄贾充任田穰苴的监军。

退朝后，田穰苴对庄贾说："庄监军，明天午时，我在军营里操练兵马，您一定要去啊！"庄贾是齐景公的宠臣，平时骄横跋扈、目空一切。听到田穰苴的话，他并不回头，只说了句："知道了。"第二天，田穰苴很早就到了军营，直到中午，庄贾还未到。原来，庄贾当上监军，自认为无上光荣，在家大宴宾客，把操练之事抛到九霄云外，竟然喝得酩酊大醉。

眼看姗姗来迟的庄贾，田穰苴厉声问："庄监军为何这么晚才来？"庄贾边跳下马车，边答话："亲戚朋友得知我做了监军，特邀我去吃了几杯酒，所以来晚了一点。"田穰苴厉声地说："执行命令是每一个军人的天职！现在敌人已侵入

我国境内，边境上的将士、百姓都在流血，你倒有心思喝酒庆贺！”田穰苴转过身，问后边的军法官：“庄监军违犯军令，按军法该如何处置？”“就地处决。”“拿下去立即斩首示众！”田穰苴一声令下，庄贾被绑了起来。当齐景公派使者阻拦时，庄贾已身首异地了。

此事一出顿时三军军威大震，三天之后部队出发了。晋军听到这个消息，便撤了回去。燕军听到这个消息，也渡过黄河向北撤走。于是，田穰苴率部追去，收复了齐国的失地。

田穰苴怒斩庄贾的“指桑骂槐”的计策，不仅使那些质疑自己能力的下属知难而退，与此同时，也使自己的对手知难而退。当这件事传出去以后，晋军听到这个消息，便直接撤军回去；燕军听到这个消息，也渡过黄河向北撤走了。田穰苴不费一兵一卒就收复了齐国的失地，可以说，这招“杀鸡儆猴”起到了很好的作用。

1. 委婉表达，意在言外

每个人的心理都是极其微妙的，间接比直接更能产生有效的影响。一针见血地指出对方的缺点，尽管你的出发点是好的，但直言直语的杀伤力却是很强的，很容易就让别人下不来台。如果你绕个弯，用言语暗示的方式来提醒对方，所谓“意在言外”，这样的效果远比直言直语更令人满意。

2. “杀一儆百”

有时候，自己的言行可能难以服众，这时候，就需要“杀一儆百”了。面对那些实力强大的，可以用警戒的方法加以诱导，适当强硬的言行、严厉果敢的措施，可以使竞争对手知难而退，从而得到顾客和下属的拥护、顺服。

想办法让对方抓狂，令其做出有利的决定

有这样一件真实的事件：2006年世界杯足球赛，在法国与意大利队的决赛中。在加赛的最后10分钟，由于受到对手挑衅，法国球星齐达内情绪失控，用身体冲撞对方球员，同时，给自己带来了一张红牌，给自己的足球生涯划上了句号，并导致了意大利的最后胜利。在这场球赛中，法国球星齐达内的情绪失控、抓狂，间接促成了意大利的胜利，原来，在某些时候，让对方抓狂反而能更快地达到自己的目的。在现实生活中，我们经常看到这样的场景：小孩子央求妈妈答应自己买玩具，可妈妈一直拒绝“不行”，可小孩子不依不饶，继续央求，最后，弄得妈妈情绪很差，把钱扔给小孩子说“去买吧，烦死了”。在这样的场景中，妈妈抓狂的时候，反而答应了小孩子的请求，换个角度看，小孩子往往是让妈妈抓狂之后，以此更快地达到了自己的目的。当然，给对方过激的情绪反应是适当的，不可超过一定的限度，否则，最后吃苦头的是你自己。

有人这样生动地形容了愤怒：人们在愤怒时就像是在喝酒一样，一旦喝下了第一杯，就会一杯接着一杯地喝下去，后来，越喝就越醉。在生活中，那些愤怒的情绪往往会挑拨一个人内心的冲动，而冲动的结果是令他们失去了理智。有可能本来心里坚固的城墙开始慢慢坍塌了，他们本来很想坚持的东西也变得没有原则性了，在他们抓狂的时候，你若能及时地提出自己的要求，反而会更快达到自己的目的。

小李最近有了麻烦事情，他想找朋友小王帮忙，但是，之前央求过很多次，小王总是很客气地推托了。无奈之下，小李心生一计，他知道小王是一个爱憎分明的人，最见不得不平之事，于是，小李再次找到小王，说："小王，你是我最好的朋友，我也不再瞒你，其实，我之前请你帮忙的事情是有苦衷的。"小王心中一动，说："有什么苦衷呢？"小李假装很悲伤："你不知道，我在公司一直受得是不公平的待遇，每次公司发给我的奖金都被组长私吞了，而我家里还上有老，下有小，如果我一直拿着那点薪水，怎么养活家里人啊？"

听了小李的话，小王很愤怒："在你们车间有这样的事情？我怎么从来没听你说过？"小李一副很无奈的样子，说道："你是公司管理层的干部，而我只是车间里的一名工人，虽说我们是好朋友，但平时也见不着，我怎么跟你说？所以，我想让你帮忙给我换个车间上班，这样的话，我也就感激不尽了。"小王似乎还有气未消，他说："放心吧，这件事情交给我办，至于那个组长，我会告诉他的上级，给他严厉的处分。”

通过对小王的了解，知道他是那种喜欢管不平之事的人，于是，小李全盘托出了自己的苦衷，诉说自己不公平的遭遇，刺激了小王的愤怒之心，在他情绪激动、抓狂的时候，小王自然一口应承了小李提出的要求。

1. 保持冷静

情绪是指人们对环境中某个客观事物的特种感触所持有的身心体验，是一种对人生成功活动具有显著影响的非智力潜能因素。在人际交往中，要想使对方有抓狂的感觉，那么，相应地，我们就要保持冷静，如此才能间接地造成对方的心理障碍，促使对方做出一些没有理性的决定，从而达到自己的最终目的。

2. 对方越冲动，越有可能做出一些利于自己的决定

通常情况下，一个人在冲动、抓狂的时候，他们已经丧失了最初的理性，他们的任何一个行为、决定都沾染了冲动的痕迹，有可能会轻易地答应你一件事情，一个要求，这样一来，你的目的不是更迅速地达到了吗？

刚柔并济，令其“不打自招”

刚与柔，往往是两个相反的极端，太柔则直不起，太刚

则易脆易折，如此，刚柔并济，才得以韧，韧则可耐久。我们经常说“白脸与黑脸”，其实，这就是一种刚柔并济、软硬兼施的方法。对待他人，我们需要一个唱白脸，一个唱黑脸，如此，才能达到刚柔并济，达到说服他人的目的。如果每个人都是白脸，对方会怎么样呢？有可能他会骑到你的头上来；反之，如果每个人都是黑脸，凶巴巴的样子，对方则会在畏惧中保持沉默，到最后，你什么信息都没能得到。中国人历来强调中庸之道，以此对人应是刚柔并济，柔就是白脸，刚就是黑脸，对人需刚柔并济，你才能知晓对方的真实心理。因为你有了威严，他就不会不守规矩，不会造次；你对他和蔼，他对你才肯说实话。

王先生所在的公司签了一个三年的租房合约，但是，在过去的一年中，公司觉得店面租金太高，为此还赔钱了。对此，他想跟房东洽商是否能够降低租金。王先生给房东打了电话，向对方解释了情况，希望他能够把房租降到每月1400元，但是，房东却回答说：“合约规定，你们还要续租两年，我也没办法。”听了房东的话，王先生很失望。

过了几个星期，王先生给房东打了一个电话，说：“关于租约，我要告诉你的是，我非常同意你的观点，我签了三年的租约，到现在还有两年的时间，毫无疑问，我们必须按租约办事，可现在出了点问题，再过半个小时我就要和董事会碰面了，他们想让我问你是否愿意降低租金，如果你不答应，他们就会让我关掉这家分店。”房东很生气：“那我将到法院起诉你们。”王先生回答说：“这不过是一个普通的租约案件，如果真的要打官司，估计一年半载完不了，到时候，我们双方都会有损失。”听了这样的话，房东只好说：“你愿意与你们董事会交涉一下吗？我愿意把租金降到1500元，如果他们还是不能接受，1450元也可以。”就这样，王先生运用“黑白脸”策略，轻轻松松就达到了自己的目的。

在许多公司中，都流行着“黑白脸”的策略，它们一直奉行着“老板唱白脸，干部唱黑脸”的论调。大量事实证明，这种“黑白脸”的配合是公司企业内部十分典型的管理方式，其存在有一定的合理性。实际上，一个人的个性是固定的，不可能既充满了温暖，像慈母般，又十分严厉，像严父般。但是，我们在与对方接触的时候，可以表达出“刚柔并济”的话，先试着严厉一些，再缓和一下口吻，以朋友的语气交谈，如此恩威并济，那么，对方心中藏有什么秘密，他都有可能主动说出来。对此，在现实生活中，我们要善于假扮黑脸与白脸，让对方在软硬兼施的压力下不打自招。

出其不意，给对方制造假象

古语有云：“凡战，所谓声者，张虚声也。声东而击西，

声彼而击此，使敌人不知其所备。则我所攻者，乃敌人所不守也。”就是说，要制造假象，让别人不知道你的真实目的，干扰对方的判断，然后趁虚而入就能打胜仗。这就好比是在买东西时的讨价还价一样，老板说100你说80，老板说不能再降，你转身就走，老板却又会把你叫回来80元卖给你。因为你的转身就走，就是告诉他你不想要了，而老板不知道你其实是想买的，那么就是少赚一点他还是会做这笔生意的。但如果你要是苦苦地和老板哀求，说你就想要这个东西的话，那么老板在心里就会“吃定你”，打死也不会降价将东西卖给你的。

身在职场，这一招我们同样适用。就是说，在你工作中，有时也不能直接暴露你的目的。否则，就会显得你急功近利，你的“价格”就砍不下来，你也就得不到你想要的东西。那么，不妨试试用声东击西的方法，说不定会给你带来意外的收获。

小张是一家软件销售公司的员工，平时工作踏实，积极努力，总是抢着干活，同事们也常夸他努力。小张总是笑着回答：“像我这样没有背景的新人，不努力的话，哪会得到老板的重用啊？”这说的是有理，但往往却总是真心讲“错话”。因为不久，公司里便有了这样的谣言，说的是小张爱出风头，好大喜功，总喜欢在别人面前炫耀自己是多么多么的能耐。

小张为此而痛苦不已，但偏偏祸不单行，最近公司派他去竞争的一个大单子又跟丢了，尽管他是用尽了“花言巧语”，把自己的产品说的天花乱坠，但客户还是“无情”地就拒绝了他。在这种双重的压力之下，小张无奈地选了“退隐江湖”。

小张在“下岗”之后，也曾仔细地反思，自己到底是哪里做错了，但始终百思而不得其解。后来在一位“高人”的指点下，他终于认识到了自己的不足。

再就业以后，小张在新公司里仍然是踏实努力，但当别人夸他的时候，他却只婉转地说，“混口饭吃不容易，拿公司的钱，当然就得为公司出力，不然弄不好的话又得下岗呢。”结果，老板和同事们都说，小张这年轻人工作踏实，没有野心。好不容易在新公司迎来了一张大单子，但这次小张却没有像以前那样，把自己的产品吹得“水都能点着灯”，而更多的谈及的是怎样将软件应用到公司的管理中去，以及怎样处理在管理方面出现的漏洞问题，而对自己的产品却是只字未提。

当小张的话讲完了之后，客户便热情地把小张拉到一旁去说话。结果，一份大单子就这样签到手了。新老板也夸小张能干，不久便升他做了销售经理。

为什么小张以前会遭遇“滑铁卢”，而日后却一帆风顺呢？主要是小张以前的目的暴露得太明显了。因为人人都想得到老板的重用，有你这样的对手在，别人当然会不舒服，说你几句不好听的话是在所难免的。而人人都这么说，你在同事之间就不好相处了。传到老板的耳朵里，老板就会觉得你急功近利、好高骛远，你的日子就难熬了。同样的，在推销自己的

产品的时候，客户又怎能马上相信陌生的你呢？尤其是你在吹嘘自己产品的时候，客户就越会觉得你只是想推销产品，是在“忽悠”他，当然就不会买你的产品了。但要是能“声东击西”，给别人造成假象，掩盖你的真实目的的话，别人就不会觉得你会对他的发展构成威胁，老板就会觉得你踏实努力，客户也会觉得你实事求是而对你产生亲切感，于是对你的心理防线就会逐渐地放松，那么成功的机会就会大很多了。

有些人表面上越是在做赔本的买卖的时候，但实际上却越是赚钱，这主要就是因为他们赚的是你不知道的钱。比如吃“免费”的火锅一样，素菜不要钱，但是荤菜和饮料要钱，表面上看这是很实惠的，殊不知，很多菜的成本是很低的，他送给你的却远远比不上你在他这里消费的钱多，他的“免费”赠送才真是物有所值的。同样，在职场中，往往也是越“不图名利”的人，却往往越会得到老板的赏识和重用。只不过，他们的“赔本”和“不图名利”是一个假象，别人看不出来而已。

所以身在职场，千万不可以轻易地暴露你的目的，否则你将会面临重重的压力和打击。最好能采用“声东击西”的方式，给你的对手造成假象。那么，你将会减少很多不必要的麻烦和阻碍。

第11章

诚信做事，情商高的人信守承诺

做事，要有诚信。俗话说得好："人无信而不立，业无信而不兴。人无诚而无交，心不诚而无品。"诚实守信，是做事的基础。情商高的人做事懂得把诚信放在第一位，做任何事情都有始有终，言而有信。

持诚信之心，做诚信之事

王阳明有言："臆不信，即非信也。"追溯中国悠久的文明史，"信"可以说是儒家文化核心价值之一。中国的君子以"信"为立生之本和待人的黄金原则。因为诚信，蔺相如才会手执和氏璧在秦王殿上慷慨陈词，他深知秦王的阴险与贪婪，但为了那完璧归赵的诺言，他英勇地捍卫国家的利益和个人心灵深处那份不朽的契约。因为诚信，"文不能安邦，武不能服众"的宋江才能坐上聚义厅的头把交椅，将替天行道的大旗扯得迎风飘扬。

诚信待人，付出的是真诚和信任，赢得的是友谊和尊重；诚信如一束玫瑰的芬芳，能打动有情人的心。无论时空如何变幻，都闪烁着诱人的光芒。有了诚信，生活就有了芬芳，有了诚信，人生就有了追求！

人要积累知识和财富，同样也要注重德行的修养。诚信是人生最大的美德，它像一根小小的火柴，燃亮一片星空；像一片小小的绿叶，倾倒一个季节；像一朵小小的浪花，飞溅起整个海洋。

建立诚信，从点滴小事做起

李嘉诚说："信用是人的第二性命。"对此，他坚信不疑，不管是大事小事，他都信守承诺。熟悉李嘉诚的人，听到李嘉诚讲的话，从来都不质疑，因为大家都知道，他是一个诚信的商人。在兵荒马乱的香港，商人很多，但是，因为他身上的诚信，使得他获得了比一般商人大得多的成功的重要机会。在日常生活中，我们千万不能忽视了一件小事的作用，有时候，可能是一句话，可能是一件微不足道的事情，都可能建立其诚信。许多人认为，"诚信"这个词语太过沉重，自己不过是普通人，何能建立诚信呢？其实，"诚信"这块大的招牌，往往是从小事中建立起来的，一个人在小事中若不能体现诚信，何以在大事上作出信诺呢？千万别小看那些小事，往往是点滴之间就能建立诚信。

1. 诚信无大小事

我们需要明白一个道理：大事小事都要讲诚信。有的人认为，大事才讲诚信，细小的事情讲不讲诚信都无所谓。但是，察人是从细微处着手的，连小事都不守信用，又怎么会在大事上讲诚信呢？所以，从自己身边的小事着手，将诚信融入到日常生活中的点点滴滴，因为在点滴中将建立起莫大的诚信。

2. 诚信第一

做人，不管能力优秀与否，诚信首先是第一要求。诚信是

一个人的立世之本，真正的成功者以诚实为做人准则，懂得诚实是获得彼此信任的基石。而对于一个企业而言，有了信誉，自然就会有财路，这是必须具备的商业道德，就像做人一样，忠诚、有义气。

诚信，不以形显，而以质昭，它是一种根植于别人内心的信任感。而建立诚信，就要从点滴做起，一滴水可以折射太阳的光芒，任何一种观念、一种价值，都是在一点一滴的事情中体现出来的。

承担责任，信守承诺

做什么事，一颗心假不了，有些人自以为聪明绝顶，人人都会上他的当，其实到头来原形毕露，自己毁了自己。一个人值不值钱，就看他自己说的话算不算数。看似一句朴实无华的话，却道出了李嘉诚做事的风格："言必行，行必果。"在生意场上，李嘉诚是一个言出必行的人，有时候，他宁可牺牲自己的利益，也要说话算话，维护合作伙伴的利益。俗话说"言而有信"，顾名思义，也就是一个人说过的话一定就要做。在日常生活中，一个人要言而有信，这将决定着他是否值得尊重，是否能建立和谐的人际关系。对于诚信，有的人视之为粪土，有的人视之为生命，那些视诚信为粪土的人，自己的一生也终将如粪土，而视之如生命的人，他们的一生将会更加辉煌。

俗话说：“一言既出，驷马难追。”意思是你说了什么样的话，做了怎样的承诺，就应该有勇气去承担这一切，这就是诚信。许多人总是认为自己似乎是什么都可以做到的人，也没有什么不能说的，于是，他们总是信口开河，轻易向他人许下诺言，重则就拍着自己的胸脯保证：“有我在，放心，这事绝对能办好。”在他们看来，说些信口开河的话对自己又不会造成什么损失，一旦遇到了事情，他们动不动就说大话、拍胸脯，可是，轮到真正需要承担的时候，他们就显得不合拍了。真正到了最后，自己所说的话不能算数，他们就避重就轻，能躲则躲了。其实，这些都是失信于他人的表现，久而久之，人们就会对你有这样的评价“这个人说得多，可算数的呢，根本就没有，每件事都缺乏承担的勇气”。

1. 话出口就要有承担的勇气

其实，在日常交际中，我们要有放话的勇气，同时，我们更需要有承担的勇气，如此这样，才能在人前树立良好的信誉形象，在办事时掌控主动权。

2. 言必行，行必果，果必真

古人云：“言必行，行必果，果必真。”信守承诺，说到做到，这是我们做人的基本要求。一个人一旦许下了承诺，就要履行，否则就会丧失信誉，言而无信，行而无果，到最后只会成为孤家寡人。

对于每个人来说，说句话并不费劲，它简单得就像是呼吸了一口新鲜空气。但是，每个人都清楚，如果要以实际行动去践行自己曾经说过的话，那才是一件困难的事情。因为大多数人都善于说话，而没有勇气去承担，如此一来，难免会落下“失信”的名声。所以，既然话已经说出口了，无论结局怎么样，我们都要鼓起勇气去承担，这样你才会给人们留下正面的深刻印象，才有机会掌控主动，从而达到自己的预期目的。

修炼自我，树立厚道的形象

李嘉诚说：“做人要厚道。”人们不时用这句话来点拨自己和周围的人。其实，“做人要厚道”在这里并不是首次出现，它之所以能如此流行，是源于当今社会出现了信任危机。因而，“做人要厚道”不仅仅是一句流行语，而且，也成为了提醒自己的一句良言。厚道是什么呢？其实就是宽厚待人，真诚待人，这本身就是一种立身之本，处世之道。厚道的人往往会把名节看做重于泰山，把诚信看做是自身的一种形象，他们始终秉持着“宁可人负我，我决不负人”的信念。所以，在现代社会，如果有人说“这人真厚道”，那其实就是一句再真实不过的褒奖。厚道的人会受到人们的青睐，对于这样一种坚守朴实信念的人，他们会不自觉地萌发出好感和信任。因此，要想办大事，我们应该在人前树立厚道的形象，无论是对亲戚还是朋友，心怀感恩，所谓“得道者多助”，给对方好的印象，主动权自然落到了自己手里，办事铁定是马到成功了。

有一天，一位加拿大外商拿着一个天量定单，找到了李嘉诚。不过，在最终签约前，对方提出了两个条件：一是需要有一家实力强大的公司做担保；二是要实地考察李嘉诚的工厂。这两个看似简单的条件，对李嘉诚来说却比登天还难。李嘉诚回去后，说干了口水，也没有一家有实力的公司愿意为自己的小公司做担保。这时，有人出主意：“我们可以先花一点钱，租用一间大的工厂，反正那个外商也看不出来。”李嘉诚却坚决反对：“即使定单泡汤，也绝不能糊弄别人。你要相信世界上每一个人都很精明，要令人信服，并喜欢和你交往，那才是最重要的。”

第二天，李嘉诚硬着头皮带着外商到了自己的小工厂，他面有难色地说：“对不起，先生，我的工厂太小，没有任何一家有实力的本地公司，愿意为我担保。”外商笑了，说道：“你的信誉，就是最好的担保。”李嘉诚继续说道：“非常感谢您对我的信任，可是，这个定单对我来说，实在太大了，我的这个小工厂的生产能力无法满足您的需要。现在，我手里的资金有限，还无法继续扩大生产规模。”外商坚定地说：“我可以预付你一笔定金，你扩大规模需要多少钱？你说个数吧！”

有人常说，似乎好运总是偏向于诚信的人。其实，这并不是上天的不公平，而是人心所向，人们总是青睐那些诚信善良的人，因为在他们身上，有好的名声，有好的诚信，他永远不会背信弃义。一个人若是给他人留下了诚信的形象，那么，好运将接连而至，甚至将伴随他一生。所以，努力修炼自己，让自己成为一个诚信的人，凡事对他人怀着感恩的心，能忍则忍，不能忍还须忍，做人诚信些，办事就会容易些。

厚道的人，通情达理、重义守信，虽然，偶尔会给人以大智若愚的感觉，不过，在他们行为的背后，乃是一颗感恩的心。有可能你对他横眉，他却还你一个笑脸；有可能你给他一句恶言，他以善意驳之；可能你给他一个陷阱，他以智慧摆脱。在他们看来，凡事皆美好，受人恩惠须感谢，无论是对亲戚，还是朋友，他们都时常怀着一颗感恩的心。

1. 学会尊重他人

首先要学会尊重别人，善待别人，这就是我们常说的以诚待人。在任何时候，都需要坦诚自己，将真实情况如实告诉对方，这既是对自己的坦诚，也是对别人的一种尊重。

2. 将心比心

人与人之间，区别在于所站的位置和角度不一样，所以才会多了一些矛盾与冲突。在这时候，则要将心比心，即站在对方的角度思考问题，想想别人的难处，再结合自己的情况，选择折中的处理问题的方法。

小说家金庸笔下的两大男主角：张无忌和郭靖，看起来没什么本事，但是，正因为那份敦厚老实，不仅赢得了美人归，而且，赢得了许多英雄豪杰的帮助，终成大器。诚信是人性中的真善美，以德报怨，以善报恶，给人一种信任感，一个人只有具备诚信的品性，他人才会放心，才会发自内心地帮助你、支持你。

第12章

销售情商，情商高的人会推销

所谓情商高，就是会做事。不管你是职场销售，还是自我营销，会做事是一门必修课。因为情商高，不仅会卖出更多的产品，还会让自己工作顺心如意。大量事实证明，情商高的人会销售，他们能够了解顾客心理促使买卖快速成交。

善于观察，及时打消客户的疑虑

在销售过程中，客户在销售员介绍产品后就达成购买意向，这是每个销售员所希望达到的成果，但实际上，很多客户还是会心存疑虑，这使得销售活动加大难度，甚至让很多销售员望而却步，但事实上，这也正考验了销售员的能力。如果销售员能做到察言观色，及时发现客户的顾虑并巧妙解决的话，是能最终达成购买协议的。

一天上午，某汽车4S店来了一位打扮不入时的先生。店内的推销人员对这位先生上下打量了一番后，都没有主动上前为其服务。而销售员陈玲则不同，她走过去主动和客户打了招呼：“先生您好，我是这家4S店的销售员陈玲，很高兴为您服务。”为了不打扰顾客看车，做完自我介绍后的她就在一旁观看，并未出声。

就这样，这位先生一个人在店内转悠，一会儿说这辆车车价太高，一会儿又说那辆款式不漂亮。看到一旁的陈玲，他说：“我今天只是随便看看，没有带现金。”

“先生，没有问题的。我和您一样，有很多次也忘了带。谁也不会身上随时带着很多现金，您尽量看，有什么问题可以尽管问我。”

“好的，谢谢你。”然后，稍微停顿一会儿，陈玲观察到客户有种脱离困境、如释重负的感觉。陈玲想：他是真的没带钱还是没有购买能力呢？于是，针对这个问题，陈玲决定大胆地试探一下顾客。

“先生，您有中意的车吗？”

“那辆奥迪不错。”

“是的，您的眼光不错，这辆车最近卖的很好。”

“是吗？可是，能分期付款吗？”这下子，陈玲明白了，原来顾客是担心价格和付款方式问题。于是陈玲说：“当然可以，您现在就可以与我们签约。事实上，您不需要带一分钱，因为您的承诺比世界上所有的钱更能说明问题。”

接着，陈玲又说：“就在这儿签名，行吗？”等他签完后，陈玲再次强调说：“您给我的第一印象很好，我知道，您不会让我失望的。”

结果确实没令她失望，第二天，这位顾客就带了首付提走了那辆车。

这则销售案例中，销售员陈玲之所以能轻松推销出去这辆车，是因为她和其他销售员不同，面对打扮不入时的客户，她还是愿意一试。并且，最可贵的是，她敢于主动试探顾客，从而让客户自己道出了购买的顾虑——希望分期付款。的确，客户的购买能力是决定客户是否能完成购买的关键因素之一，客户没有经济实力，即使他们的需求再强烈，也不会购买。

当然，除了购买力之外，顾客的顾虑还有很多，比如客户的需求、客户的信誉状况、支付方式等。那么，具体来说，对于顾客的顾虑？我们该怎样通过提问获得呢？

1. 善于观察客户的一举一动

在面对客户时，销售员要善于观察客户的一举一动，销售员能从中了解到客户的的身份、出价水平和购买商品的意向。通过对这些问题的分析，销售员能大致猜测出客户的顾虑。

2. 积极的发问

在猜测到了客户的疑虑后，销售人员可以采取发问的方式来对问题进行确定，只有这样，才能抓住时机，步步深入，逐步打消客户的顾虑。

然而，与客户初次沟通的时候，出于防备心理，对方会有意无意隐瞒一些信息，比如真实的需求、喜好、经济实力等各个方面，而这些方面，都对我们接下来的销售工作起着至关重要的作用。所以，我们在提问时，一定要注意方式，最好以委婉探问的方式，尽量在悄声无息中了解，否则，很容易引起客户的反感，丢失生意。

3. 认同顾客顾虑的合理性

和案例中销售员一样，如果我们能认同顾客的顾虑，表达同理心，会让顾客觉得你是在为他考虑，就能争取到顾客的心理支持，继而会拉近和顾客间的距离。从而为我们接下来的说服工作奠定基础。

总之，在与潜在客户沟通的时候，只要我们善于观察、巧妙探寻、积极提问，便能了解客户的某些隐秘信息和顾虑，但我们一定要注意自己的言行，太过直接、明朗可能会引起客户的负面情绪！

主动出击，别让客户找理由

我们发现，在现实的销售工作中，面对销售员的推销，客户似乎总是有很多原因拒绝，针对客户的这些借口，很多销售人员往往束手无策，最终也只能知难而退，放弃推销。其实，如果我们能主动采取一些措施，不给客户找借口的机会，是能帮助我们顺利渡过这些销售的难关的。

发明家爱迪生在发明了电报机之后，想出售这项发明，以此来建造一个新的实验室，因为对当时的市场行情不了解，所以关于发明的价格，他并不清楚。于是，爱迪生便与夫人米娜商量。但米娜也和爱迪生一样，并不清楚这一点。

米娜说："要不2万美元吧，不管怎么样，建造一个实验室，这可是最少的吧。"

爱迪生："2 万美元，会不会太多了？"

米娜说："我看能行，要不这样也行，你在与购买者沟通的时候，先看看对方的口气，让对方开价，到时候看情况

再说。”

安迪生认为这种方法可以，便决定试试。

此时的爱迪生在美国已经小有名气了。美国一位商人知道了爱迪生要出售发明的意向后，马上联系了他。

双方决定谈谈，自然涉及到价格，爱迪生采纳了爱人的意见，决定让商人先开价，自己沉默。

这位商人问了几次，爱迪生始终不好意思说出口，他想等他的爱人米娜下班回来后再说。但是，最后商人等不耐烦了，主动说：“那10万，你看怎么样？”

听到这个价格，爱迪生简直不敢相信自己的耳朵，这比自己预期的贵出8万元，但是他依然没有表现出来自己的喜悦，反而说希望等妻子回来商量再做决定，此时商人更等不及了，于是软磨硬泡，最终与爱迪生签订了合约。

后来，爱迪生对他妻子米娜开玩笑说：“没想到晚说了一会儿就赚了 8 万美元。”

确实是这样，我们总是不愿意在接受别人批评的时候保持沉默，譬如面对一个难以说服的客户，其实有时候，“此时无声胜有声”，沉默才能堵住客户的嘴，沉默可以给对方和自己都留余地，沉默甚至可以使局面发生翻天覆地的变化。

那么，究竟有哪些技巧可以不让客户找借口呢？

1. 会要求，表明销售信心

你或许曾遇到过客户直接跟你说“不要”，而没有其他的话加以润饰，通常你会听到一些柔性的拒绝，像是您的产品都非常好，我们需要您的产品(或服务)，但我得拒绝。

有时候，对客户百依百顺并不是什么好事，因为这会让客户感觉你的产品存在缺陷或者你的销售能力和专业水平不强，而如果你态度强硬一点，学会向客户提要求的话，反而会赢得客户的感激，比如你可以十分自信地对你的客户说：××总，在这个行业，你可以拒绝任何一个销售员，但你不可以拒绝我，因为我是一个很专业的销售员，我的经验告诉我，如果你拒绝了我，你就拒绝了财富。”

在销售行业，那些销售冠军从来不会让自己被客户牵着鼻子走，相反，他们是销售的主人。可现实的销售活动中，很多销售员却总是害怕自己被拒绝，于是，对客户小心翼翼，生怕得罪客户毁了生意，但实际上，这样做的效果并不是很好。而如果，销售员愿冒被拒绝的风险而直接提出要求，可能就是另外一种销售景象。

那么，如何要求就成了销售员应该思考的问题。总的来说，销售员在要求的时候，要积极、愉快、态度良好、礼貌等，要求的内容一般是要求咨询，要求安排见面，要求别人告诉你他犹豫不决的理由，以及了解客户的言外之意。最重要的是，你得要求客户下订单。要在所有的解说完毕，销售活动进入尾声之际，请求客户作出购买决定。

一旦你决定自己要的是什么，就表现出一副不可能失败的

架势，而你就绝对会实现!

2. 在客户说“不”以前，先说“是”

销售过程中，最具说服力的劝服技巧无非是让客户自己承认产品的优良、服务的到位等，让客户在拒绝之前先说“是”，就能有效将客户的拒绝遏制住。比如，你可以对客户说：“××先生，您应该知道我们的产品向来都比A公司的产品价位低一些吧？”当然，销售员在让客户肯定某些销售情况时，必须要在对该情况有十足的把握，不能让客户抓住把柄。销售员懂得这一销售技巧后，可以顺利拿下更多订单。

销售行业，本来就是一个没有空间限定的行业，拿“心有多大，舞台就有多大”这句话来形容再恰当不过。只要你懂得掌握销售的技巧，大胆地表现你的口才，你便会获得销售行业的佳绩。人们常说的销售口才，其含义并不是单指能言善辩，真正的销售口才是一种艺术，体现的是销售员的智慧和对语言的认知和把握能力。

但销售人员还需要注意的是：

（1）“要求”的时候，不要忘了自己是销售员而对方是客户的这一身份，不能语气过于强硬而伤害了客户的自尊。

（2）要有自信。那些能够发挥最大潜能的销售人员，个个都是能克服恐惧，勇往直前，不畏失败与挫折的人，因为勇气和胆识是构成顶尖销售人员的基本特质。

引导客户心理，顺利达成交易

在销售活动中，成交是我们的目的，而在成交的一刹那，客户难免会提出各种问题，也有假意拒绝的，毕竟每个客户都会考虑到自己的利益，而销售人员就应该在关键时刻抓住客户这一心理，对于客户提出的不同利益问题加以引导，才能达成交易。

小张是一名手机销售员，一次，当她为客户介绍了很多手机产品后，顾客还是撂下一堆话："你们这手机太贵了，我可买不起，你们这手机有那么好吗，我看还是去别家看看吧……"

小张一听火了，介绍了这么久，就说了这些话，于是也气急败坏地说："我看你不是诚心买手机的，倒像是搞社会调查的。"

无奈，这话被顾客听到了，和小张吵了起来……

销售要达到的最重要的目的就是要达成交易，没有达成交易，等于前功尽弃，小张就忽视了这一点。销售过程中会遇到以下几种情况：

1. 客户嫌贵

"嫌贵才是买货人"，告知客户："一分钱一分货，其实一点也不贵。"

（1）比较法。

①与同产品的其他销售方所定价格以及质量比较。

②与同价位的其他产品比较。

（2）分离价格。

可以将一个产品的价格划为几个部分，划分的标准可以是时间，可以是更小单位的产品，这样一拆分，客户就不会觉得贵了。

（3）赞美法。

你可以赞美客户在购买产品后会获得某种明显的利益和好处，这样，无论出于面子还是真实的利益需求，客户都会购买。

2. 顾客希望可以更优惠一点

你应该告诉客户：便宜没好货。具体说，可以这样做：

（1）以情动人，让客户知道你的为难。

你可以对客户说："这个价位已经是最低价位了，我刚也帮您问了经理，实在是不能再降了。"客户一听，也就明白你也有难处，也就不再为难你，而心甘情愿地购买了。

（2）告诉客户价值与价格一般是等同的。

告诉客户，真正价值高的产品，一般在价格上都会稍高一点，不要抱有用最低廉的价格购买到最优质的产品的侥幸心理。

3. 顾客质疑为什么别的地方更便宜

你可以告知客户：不是所有的产品都是货真价实的，现在假货泛滥，要小心被欺骗。

帮助客户分析出其他地方便宜的原因。当然，你在分析的时候，不要有任何诋毁的含义。你可以从以下几个方面帮客户分析：

质量上，你可以说："我××(亲戚或朋友)上周在他们那里买了××，没用几天就坏了，又没有人进行维修，找过去态度不好……"客户听完，也就能明白为什么别的地方的产品便宜了。

服务上，你可以告知客户："××先生，对方的确比我们这里便宜一点，但是我们这里的服务好，可以帮忙进行××，可以提供××，您在别的地方购买，没有这么多服务项目，您还得自己花钱请人来做××，这样又耽误您的时间，又没有节省钱，还是我们这里比较划算。"

价格上，你可以先承认对方的确便宜一点，但是这价格差异并不是很大，购买放心产品才是最重要的。

4. 客户声称自己没有预算

销售员可以借力打力，告诉客户现在购买才是最省钱的办法。

（1）前瞻法。

你可以告知客户，现在是此产品的价格促销期，促销期一过，将恢复原来价位，现在购买是最划算的。

（2）把快乐说足，把痛苦说透。

也就是说，销售员在说服客户购买的时候，可以先帮助客户分析购买产品能给自己和周围的人带来什么好处。然后，可以对客户说，如果客户不购买的话，将会造成多大损失，这种说服的办法一般情况下都能奏效，尤其在一些集体购买行为中，因为谁都不想因为放弃一次购买行为而导致落后于竞争者。

5. 顾客质疑产品是不是物有所值

每个客户都希望自己购买产品能买得物有所值甚至是物超所值，所以，他们会对产品的价格产生质疑，对于这种情况，销售员可以这样帮助客户分析：

（1）应从长远的角度看。

你要让客户明白，他的这种购买决策是很英明的投资行为，本身来说，做出购买决策就属于投资，而既然是投资，就要把眼光放长远一点，而不能局限于现在，产品是否购买得物有所值也不是购买的瞬间能感受到的，而应该在使用的过程中才能感受到。

（2）反问客户，让客户坚信自己是明智的。

你可以这样反问客户：您是位眼光独到的人，您现在难道怀疑自己了？您的决定是英明的，您不信任我没有关系，您也不相信自己吗?

总之，客户最关心的永远是利益问题，针对客户的不同心理进行引导，才能让客户产生及时购买的欲望，但销售人员要注意：

（1）注意自己的说话态度和表达方式，不要因为客户的预算不够而中伤客户，更不能伤害客户的自尊。

（2）要耐得住性子。很多客户在最终购买前，总会有很多问题，当我们为客户逐一解决这些问题后，生意也就做成了，千万不能心急。

了解客户心理，因地制宜调整策略

作为销售人员，我们都必须承认一点，在销售中，只要尚未签单，就还存在着很多不确定的因素。客户往往考虑到其他很多原因，而迟迟不肯签单，这直接影响到了交易的顺利进行。而此时，很多销售人员就手忙脚乱，不知如何是好，其实，在此之前，销售员只要提前了解客户拒绝成交的心理因素，就能保证不在销售中自乱阵脚。

青青是上海某房产中介的业务员，因为她聪明伶俐、沟通能力好，业绩一直很好。但是最近，她遇到了一位客户，对楼盘比较满意，却迟迟没有决定购买。一个月后，青青再次邀约这位客户。

青青：张先生，我看您对那套三居室挺满意的，不知道，您今天能和我们签约吗?

客户：是挺好的，但是两个卫生间并不是都可以洗澡，这

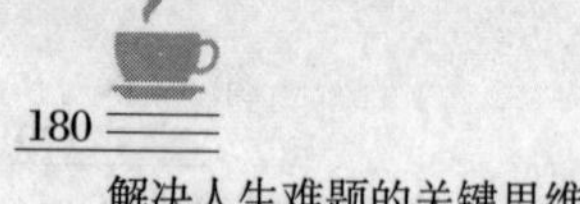

和我想象的不一样。

青青：真是对不起，可能是我们在介绍的时候让您产生误会了，其实，小的那个卫生间也能洗澡，只要再安装一个淋浴头或是澡盆就行了。开发商想让客户自主决定，所以并没有安装。

客户：我想再考虑考虑，城北那边有几个楼盘也很好。

青青：好的楼盘很多，但是像我们公司这样的楼盘并不多，您也是知道的，我们公司一向以诚信为主，给客户承诺的绿地面积和中心花园，绝对不会被占用。对此，恐怕没有哪家房地产公司有我们这么诚信，您说呢？

客户：对，但是，现在楼市低迷，行业不景气啊！等过一阵子好一点时再买。

青青：过一阵子行业景气了，价格就没这么便宜了。再说投资领域里有一条投资原则，“当别人卖出时买进，当别人买进时卖出”，今天大部分有财富的人都是在不景气的时代奠定了成功的基石，对于他们来说长期的利益远胜于短期的挑战，所以他们愿意作出决定。相信张先生您也会作出决定，对吧？

我们不难看出，青青的客户张先生迟迟不肯签约的原因是，他还在观望，希望可以买到更好的房子，而聪明的青青也看出来了，排除了客户的这些想法，很明显，客户已经被她说服。

那么影响客户成交的心理因素都有哪些呢？销售员又该如

何应对和预防呢？

1. 客户希望购买到完美无瑕的产品

每个人在购买产品的时候，都希望能买到称心如意的产品，但是，这种期望往往会超出产品本身的真实价值。因为，本身就不存在完美无缺的产品。而且，一分钱一分货，一定的价钱只能购买到一定的产品。比如：人们买手机时，都希望所选购的手机能具备市场上所有手机的优势，像拍照、音乐、导航、上网等。但是，即使功能再多，也难以完全符合心意。所以这种期望和产品本身之间是很矛盾的。

在谈判中如果客户较高的期望不能被满足，就会感到很失望，认为自已没有得到应得的利益，从而开始重新考虑购买及决策。

要避免这种情况发生，销售员在介绍产品时就要秉持实事求是的态度，保证让客户对产品本身有一个清晰、正确的认识，打消客户过高的期望。例如让客户亲自试用产品等。

2. 客户认为其他家的更好

在销售过程中出现“撬单”的事情也很常见。即使销售员已经和客户洽谈到签约的事宜，一旦出现有威胁的竞争对手，这笔生意也很有可能告吹。

针对这一点，销售员需要时刻注意竞争对手的情况，包括他们同合作客户之间的往来动向、进展程度等。这样才能预防被撬单的情况发生，从而保证销售工作顺利进行。

3. 客户有观望心理

范例中的客户就是这样的心态，总认为还有更好的产品，更优惠的价格。客户存在观望心理，原因也有很多，比如他们在等价格下跌，迫使销售员做出让步，或是等待竞争对手送来更优惠的价目表。无论什么情况，对销售员来说，都是十分不利的，此时销售员要主动出击，因为很多时候，观望中的客户已经掌握了该产品的行业价格情况，在与其他销售公司交涉的时候，他们就拥有了更大的主动权。如果销售员坐以待毙，被动接受客户的拖延策略，那么就很可能失败。销售员可以在准许的范围内尽可能地满足客户，先得到客户的信任，留住客户的心，一步步地挡住客户观望的视线，例如告诉客户优惠活动将要截止，向客户出示产品的质量认证和权威认证等，坚定客户的成交决心。

当然，影响客户成交的心理因素还有许多，但是无论是什么因素，只要我们按照这三个大方面进行应对，那么当阻碍产生的时候，我们就能在第一时间解决它，从而保证交易的顺利进行。

第13章

扬长避短，情商高的人利用优势成事

“鹰击长空，鱼翔浅底，万类霜天竞自由”，大自然的规律告诉我们只有顺应自然才能演绎出精彩人生，发挥自己的优势，才能实现人生价值。生活中，情商高的人懂得隐藏弱点，利用优势成事。

互补互利，主动与别人合作

有很多人都比较崇尚个人英雄主义，一个人独来独往，所有的责任都由自己一肩挑，既不愿意帮助别人，也不愿意让别人来帮助自己，他们认为这样做是潇洒的表现。如果让他们和别人进行合作的话，就会满肚子不乐意，因为他们觉得，和别人合作，就要考虑别人的意见和感受，还要照顾别人的做事进度和做事风格，这样就会给自己带来很多的麻烦。有这种想法的人，一般是才华横溢能力超群之辈。不过，这种逞个人之能，不愿意和别人进行合作的做事风格却是不敢让人恭维的。因为他们太过于自负，喜欢一意孤行，总觉得自己很了不起，单打独斗的时候不会感觉到身单力薄，也没有发现自己的缺点，反而认为这样是“乾纲独断”“个性鲜明”的表现。殊不知，当他们陶醉在一个人的世界里的时候，却失去了别人的支持和帮助，也失去了改进自己，让自己变得更强大的机会。

逞个人之能的“独行侠主义”是人生前进中的绊脚石。喜欢孤独，不愿意合作的人，不可能和别人进行良好的沟通，也不可能会和合作伙伴进行默契地配合，更不可能会为团队的成长和发展做出积极又持久的贡献。无论他的能力有多强，最终都不可避免地会走向失败。美国苹果公司的创始人之一史蒂夫是一个非常有能力的人，曾经有人这样评价他："我们就像小杂货店的店主，一年到头拼命干，最后才积攒了一点财富，而他却能用一晚上的功夫来超过我们。"史蒂夫22岁的时候开始创业，创业之初，他一文不名，一穷二白，但是在短短的四年之后，就拥有了2亿多美元的财富。很多人都认为史蒂夫是一个经商的高手，创业的天才。在别人的吹捧和赞叹之下，史蒂夫开始飘飘然起来，身上那些让人头痛的性格也暴露无遗。

史蒂夫骄傲自大，做事风格比较粗暴，非常看不起手下的员工，和别人在一起的时候，就像一个高高在上的国王一样。因此，公司的员工们都很怕他，像躲避瘟疫一样来躲避他。很多员工竟然怕到了不敢和他一块坐电梯的地步，因为那些员工们觉得，一旦和史蒂夫同乘电梯，就会有电梯门还没有打开自己就被炒鱿鱼的危险。

一般员工不喜欢史蒂夫倒也罢了，但是，就连他亲自聘请的公司高管——优秀的经理人、原百事可乐公司饮料部总经理斯卡利也非常讨厌他，甚至几次在公开场合宣称："苹果公司如果有史蒂夫在，我就无法执行任务。"

两个人的矛盾越闹越大，最后竟然达到了水火不相容的地步，公司董事会不得不研究两个人谁去谁留的问题。后来，董事会在公司里做了一项调查，结果绝大多数员工都坚决要求开除史蒂夫，留下善于团结员工斯卡利。最终，董事会作出决

定，解除了史蒂夫的全部领导权，只保留了董事长一职。

为苹果公司立下了汗马功劳的史蒂夫能力不可谓不强，但是，他却太自负，看不起别人，不愿意和别人进行合作，凡事都喜欢按着自己的性子来。这种“雷厉风行”的做事风格，极大地打击了员工们的自尊心和工作积极性，同时也招致了很多人对他的怨恨和不满。因此，也就对公司产生了很大的负面影响。后来，公司在忍无可忍的情况下，只好忍痛割爱，把他给开除了。

无论一个人的知识多么丰富，经验多么充足，工作多么优秀，但能力总是有限的，他的个人力量也是很单薄的。要想让自己的才能得到最大限度的发挥，就应该主动和别人进行合作。只有通过和别人进行合作，才能够产生优势互补，实现效益的最大化。比如说，一个医术精湛的医生，要想成功地完成一项手术任务，除了自己要具有精湛的专业技能之外，还应该和几个技术熟练的护士进行配合。如果他自认为医术高明，拒绝和护士合作的话，恐怕连一个小手术也做不成。因此，无论我们自己的才华多么出众，技术多么纯熟，都应该保持一份谦逊的心态，主动和别人进行合作。因为，只有和别人进行合作，我们的事业才有建树可言。

在生活中，总有一些人把和别人合作当成依赖心的表现，然而，他们却忘记了“众人拾柴火焰高”“一木难支大厦”的道理。合作，绝不是丧失尊严地依赖别人，而是善于借力以更快地达到目标的一种机智的方法。须知，合作能够产生巨大的能量和力量。善于和别人合作不仅为自己能力的发挥创造一个良好的客观环境，还能够在各方的相互帮忙之中产生一种新的力量。最成功的事业绝不是靠单打独斗得来的，而是在相互配合的人之中创造出来。

如果一个人的能力是航行在大海中的船只的话，那么合作就是高扬在船头上空的风帆，推动着船只的前进；如果一个人的力量是东方朝日的话，那么合作就是四周的朝霞，两者共同描绘出美丽的景象。合作能够让我们在投入有限的精力时获得无限的成功，合作能够让我们每一个人更好地去工作和生活。故而，在工作和生活中，我们千万不能逞匹夫之勇，而是应该学会互补互利，主动和别人进行合作。

经营自己的强项，发挥自己的优势

从成功心理学的角度来说，判断一个人是否能够取得成功，最重要的不是看他取得了多大的成就，而是他是否能够经营自己的长项，是否尽最大限度地发挥了这一优势。根据专家们的研究发现，人类存在四百多种优势，这些优势的数量并不是最重要的，最重要的是一个人是否认识到自己的弱项是什么，长项又是什么，是否能运用自己的长项去做一番事业。

在生活中，经常会遇到这样的一些人，他们不是不想拥有一番自己的事业，也不是不想获得胜利。但是他们却不明白自己的优势在哪里，不懂得怎样去发挥自己的优势。他们常常喜欢跟在别人的屁股后面找出路，习惯于从事一些热门但是却并不适合自己的职业。这样的人是没有任何智慧可言的，即使他付出了多大的努力，恐怕也都无济于事。如果他还执迷不悟的话，恐怕此生再也没有出头之日了。

诚然，在做事情的时候，我们可以学习别人的经验，但是学习别人的经验未必是套用别人的模式。毕竟，每个人都是与众不同的，每个人都有自己的长项所在。要想成功，首先就应该充分了解自己的性格特征，了解自己的优势所在，在认清自己的基础之上去寻找一条走向成功的道路。只有做到了这一点，才有可能取得胜利。

赵家湾是黄海边上的一个小村子，赵良臣从小就在这里长大。近几年来，有不少的外来人到这里避暑、游玩，这里的旅游业一片红火。大量的外地游客，带来了大量的商机。很多人觉得做餐饮生意能够发财，于是就在赵家湾的街头建起了一个又一个的小吃店、小餐馆。尽管生意不是太红火，但总比打渔种地的收入多。

赵良臣高中毕业后，他的父母准备凑钱开一家小饭馆，想着给他一个可以糊口的职业。但是，赵良臣根本不懂得厨房里面的技术，也不会下海打渔。如果选择开饭馆的话，只能聘请别人来做厨师，并且还要花钱去市场上买水产品。那样的话根本就挣不着钱。于是，赵良臣就拒绝了父母的好意，开始寻找其他的赚钱之路。后来，经过一番调查之后，他发现沙滩上随地可见的贝壳可以制成各种不同的工艺品，如果拿来出售的话，一定能够得到游客的喜爱。再者，他在上学的时候学过一段时间的美术，对绘画雕刻等方面的东西也有所擅长。于是，他就去海滩上搜集了大量的贝壳，然后买来各种颜色的油漆、粘合剂等一些工具，为这些贝壳设计了十二生肖、山水风景、花鸟鱼虫等一系列的图案。

赵良臣带着自己设计的贝壳工艺品到各个景点去卖。那些游客们觉得这些工艺品非常有意思，也很有纪念价值，就纷纷掏出了钱包。当天，赵良臣就净赚了二百元。一年之后，赵良臣扩大生产规模，成立了自己的“贝雕工艺中心”，到当地工商部门注册后，招了几个帮手和自己一起干，产品卖到了全国各地。

在赵良臣的家乡，很多人都走着开饭店卖海鲜的创业之路，他们也能够从中获取到一定的经济利益。但是，赵良臣对鱼虾鲜贝没有兴趣，对烹饪艺术感到陌生，如果不假思索就一头扎进去的话，可能会遇到失败。好在，他对自己有一个比较清醒的认识，知道自己的长处在哪里，于是就选择了一条适合自己的道路，最终为自己创造了大量的财富。

西德尼・史密斯说：“不管你擅长什么，都要顺其自然；

永远不要丢开自己天赋的优势和才能。”经营自己的强项，发挥自己的优势，是获得成功的法宝。在生活中，我们不能盲目地跟在别人的后面找出路，更不能妄自菲薄，把自己看得一无是处。一定要正视自己，了解自己的优势所在，明白自己适合做什么样的工作。只要能经营自己的强项，就能够获得成功。

俗话说“三百六十行，行行出状元”，任何一个职业和行业都有做大做强的可能。不过，“出状元”的前提是自己是否最擅长这一领域，假如不擅长的话，哪怕你付出百倍的努力来，恐怕也会无济于事。因此，我们在选择职业或者是事业的时候，就应该发挥自己的优势，用自己的优势来获得最终的胜利。

借力成事，无往而不胜

一个成熟的人，既要有个人奋斗的气魄，又要有借力成事的谋略。能摆正努力奋斗的心态，把握借力行事的尺度，在个人奋斗和借力行事间找到一个平衡点。处于社会压力下的年轻人都渴望成功早日到来，但出身贫寒、学历低微、运气不佳、资源短缺等极大地限制了个人发展。出人头地、飞黄腾达的想法只能成为泡影，太多的希望到头来让自己总是无能为力，这是现实生活中众多年轻人共同的感受。

然而，我们也发现，众多和我们一样，资质平庸、运气较差、白手起家的人，却在几十年后，或身居高位，颐指气使，或闯荡商场，腰缠万贯。如此情形让很多人费解，他们是怎么和普通的为生活琐事奔波的人拉开差距的呢？有心人发现了他们身上的共同点：除了靠个人坚强的意志和不屈的信念自己奋斗之外，他们在成功的道路上都主动寻求到了帮助自己的贵人，推动自己发展的力量。借力，是他们鹤立鸡群的一个关键因素。

大发明家爱迪生很早就给我们阐释了借力行事的方法。一天，爱迪生正在实验室专心致志地进行科学研究。有个朋友来看他，推门时十分费力，推了好几下才进去。客人向爱迪生抱怨："你这门也太紧了，竟使我出了一身汗。""谢谢，你有力的推门已经给我屋顶上的水箱压进了几十升水。"爱迪生高兴地说。

对于那些有着聪明头脑的人来说，他们时刻不忘记借助他人的力量来减轻自己的劳力，帮助自己迅速、准确地实现目标。

在大自然中，水是借力而行的高手。如果水不借助来自地心的吸引力，来自向下的坠落力，来自同伴的相互推波助澜之力，水就会变得停滞不前。而水正是借助源源不断的各方面力量，才能够由高而低奔腾而下，才能够在平坦的路上也能够滚滚向前。借力使水增加了动力和活力，借力使水能够轻松地达

到自己的目标。

能借者，使自己本来没有变成了有，使自己本来很少变成了相对的多起来，使单薄的力量变成双倍或者更多倍于原来的力量，诸葛亮草船借箭，使得没有一根箭头的蜀吴联军一夜之间就拥有了数十万利箭；全球首富比尔·盖茨当年创业之时，如果不是借助于IBM公司的力量，也难以迅速做大自己。借使无变有，使小变大，使无名无势变得名势强大。借力可使自己有力，借名可使自己扬名，借钱可使自己有本钱。成功者不会拘囿于人，总是根据人生事业的进展，只要能为我所用，都可以借来一用。能借善用，关系到人生目标和事业的成功。借得对，用得妙，就会大大裨益于自己的人生和事业。借用是没有本钱的买卖，是省自己之力，谋自己前程，只赚不赔的好买卖，善于借是成功人生的宝贵艺术。

人生于世，不可能精通所有事物，更不可能精通所有的专业技能。何况一个人的力量总是有限，即使是样样精通、各种能力超群的人，相对于包罗万象的大千世界而言，也还是微不足道的。因此，要想取得非凡的成就，仅靠一个人的单薄之力是不足以支撑起整个天空的。现在做什么事情，都离不开人际关系，借他人之力使自己的人生获得强有力的外力支持和扶助，是一种为人做事的大智慧。

其实，我们天生就有借的本领。小时候我们天性使然地知道借助母亲的乳汁去延续我们那未知的生命；长大后我们学会了借助文凭去寻求一份好的工作；参加工作后我们知道了借助职位去展示自己的才华；拥有官位的知道借助自己的职权去换取更大的成功。

借力是成熟的人惯用的处事之方，不同位置、才智不同的人，借力而行的策略和效果有着很大的差别，但借得坦荡，借别人之力又让人觉得心甘情愿是众人共同研习的一门艺术。也只有成熟的人，才能逐渐达到登峰造极的境界。

因势而动，顺势而为

世界上的万事万物，每天都处于不停地发展和变化之中。整个世界，都可以用瞬息万变来形容，由此可见，凡事变化都很迅速。所以，一个人要想赢得成功的人生，就必须学会顺势而为。正如古人所说，事有可为有不可为，知其理而为之谓之明智，反之则为愚蠢。这句话简而言之，就是顺势者昌，逆势者亡。所以在人生漫长的道路上，我们也许会经历很多艰难坎坷，但也会收获幸福快乐。不管处于何种状态下，我们都必须见机行事，懂得变通，这样才能做起事情来事半功倍。

顾名思义，所谓变通，就是改变自己，从而获得最终的成功。众所周知，人生只有三天：昨天、今天和明天。对于昨天发生的一切，已经成为不可更改的历史，是不管多么努力都无

法改变的。对于明天，还处于遥远的未来，也是不可能现在就操控的。归根结底，真正被我们握在手掌心的，是我们的现在，是现在的每一个今天。任何时候，我们必须保持冷静和理智，才能应对这些层出不穷的困境。当然，最重要的是我们要有一颗机智灵活的心，才能顺应形势，让问题变得更加简单易行。

有过海上航海经验的人都知道，如果是逆风航行，那么行驶起来就会非常艰难。反之，如果顺风航行，那么就能轻而易举航行得很好。做人做事也是如此，能够借力的人，往往做起事情来简单方便，但是不能够借力的人，则一定会事倍功半，导致自己劳累不堪。所以，我们必须学会四两拨千斤，这样才能让问题变得简单易行。

战国时期，孟氏和施氏两家比邻。施家有两个儿子，一个儿子学文，一个儿子学武。当时，正值楚国与邻国开战，所以施家学武的儿子去了楚国。在战场上，他发挥自身骁勇善战的特长，最终得到楚王重用，成为楚王仰仗的武官，享尽荣华富贵。后来，施家学文的儿子去了鲁国，游说鲁国的国君，向其灌输仁义治国的道理。为此，他得到了鲁国国君的重用。因为这两个儿子，施家光宗耀祖，从此显赫乡里。

等到孟家的两个儿子长大之后，因为知道施家的儿子都很有出息，所以孟家也安排两个儿子一个学文，一个学武。后来，等到孩子学成了，孟氏就去请教施氏，想问问她的两个儿子是如何出人头地的。施氏当然毫不隐藏而且添油加醋地向孟氏说了很多，孟氏回家之后，当即安排学文的儿子去秦国游说。不想，秦王当时正准备统一天下，根本听不进去文官的劝说，反而认为这是在破坏他一统天下的大业，因而当即下令砍掉孟氏儿子的一只脚，将其驱赶出秦国。就这样，孟氏原本健康的儿子变成了缺少一只脚的残疾人，更别说成功了。后来，孟氏又派出学武的儿子去战火绵延的赵国。殊不知，赵国历年来饱受战争的摧残，根本不想再发生战争，尤其是赵王，听到孟氏儿子满口的崇尚武力，因而一怒之下下令砍掉孟氏儿子的一条胳膊，将其从赵国赶出去。可怜的孟氏，两个儿子全都变成了残疾，一个缺少一只脚，一个缺少一只胳膊，再也没有办法真正崛起了。

原本，孟氏的儿子和施氏的儿子其实没什么太大的区别，甚至生活和成长的环境也相差无几。但是，施氏的儿子取得了成功，孟氏的儿子却最终惨败，到底是何原因呢？原因就是施氏的儿子能够审时度势，但是孟氏的儿子却不知道如何发挥自身的特长，反而招惹得秦王和赵王全都非常恼火。

所以朋友们，生活中我们难免会遇到各种复杂的情况，要想保全自己，也赢得他人的赏识，我们就必须运用自己的头脑，让自己审时度势，从而根据环境的变化不断变通，最终跟上时代的脚步，成为满足时代需求的人。我们必须记住，人生之中遭遇困境并不可怕，最重要的是我们要保持思维的灵

活和顺势而为，这样才能以四两拨千斤之力，成功度过人生的困境。

尤其是现代社会，优胜劣汰，适者生存，几乎已经成为所有领域的法则。在这种情况下，我们必须适应瞬息万变的社会现状，从而过五关斩六将，最终赢得成功的人生。那么，如何才能运用变通的智慧改变人生呢？首先，我们要及时调整方向，一条道走到黑是不适应现代社会的，我们唯有更加积极主动地调整方向，找到适合自己的人生之路，才能让自己出类拔萃。其次，我们要学会换个角度考虑问题。唯有形成发散性思维，打破思维定势，借力打力，我们才能避免在错误的道路上一直走下去，也才能及时改正错误，从而让人生一帆风顺。

参考文献

[1]朱菁. 马云：情商比智商更重要[M]. 深圳：海天出版社，2015.

[2]黄伟芳. 做人有气度，做事有尺度[M]. 广州：广东经济出版社，2017.

[3]王涛. 情商高，就是做事讨人喜欢[M]. 广州：广东旅游出版社，2018.

[4]郑斌. 所谓情商高，就是口才好会做事[M]. 北京：中国纺织出版社，2018.

[5]梦华. 办事艺术全知道[M]. 长春：吉林文史出版社，2018.